RU HU TIAN YI DE WU QI ZHUANG BEI

如虎添翼的武器装备

康永利 / 编著

吉林人民出版社

图书在版编目（CIP）数据

如虎添翼的武器装备 / 康永利编著 . -- 长春 : 吉林人民出版社, 2012.7

（军事五千年）

ISBN 978-7-206-09180-3

Ⅰ.①如… Ⅱ.①康… Ⅲ.①武器 – 通俗读物 Ⅳ.①E92-49

中国版本图书馆 CIP 数据核字(2012)第 160789 号

如虎添翼的武器装备

RUHU TIANYI DE WUQI ZHUANGBEI

编　　著 : 康永利

责任编辑 : 赵梁爽　　　　　　　　封面设计 : 七　洱

吉林人民出版社出版 发行 (长春市人民大街 7548 号　邮政编码 : 130022)

印　　刷 : 北京市一鑫印务有限公司

开　　本 : 670mm×950mm　　　　1/16

印　　张 : 12　　　　　　　字　　数 : 90 千字

标准书号 : 978-7-206-09180-3

版　　次 : 2012 年 7 月第 1 版　　印　　次 : 2023 年 6 月第 3 次印刷

定　　价 : 38.00 元

如发现印装质量问题,影响阅读,请与出版社联系调换。

CONTENTS 目录

CONTENTS

CONTENTS

CONTENTS

CONTENTS

CONTENTS

CONTENTS

冷兵器

　　古代战争中使用的用石、竹、木、铜、钢、铁等材料制成的武器。它不是靠火药的能量作动力，而是使用人力或机械力进行杀伤敌人或摧毁敌人的装备，比如拢石机、大弩、刀、矛、戈、戟、枪、剑、弓箭等。冷兵器延续的时间最长，自有战争开始到火药发明前的几千年间，战争使用的都是冷兵器。火药发明后，冷兵器时代宣告结束，但在相当长的时间内，冷兵器与热火器并用。欧洲于16世纪才不以冷兵器为主战兵器。有的国家到19世纪末还在使用冷兵器作战。到20世纪90年代，人们还继续使用刺刀、匕首、弓箭等武器。可见，冷兵器是人类历史上延续时间最长的兵器。

十八般兵器

　　人们看古代小说或武侠小说时，经常看到形容某人武艺高强、能征惯战时，称赞他"十八般兵器样样精通"。十八般兵器是对古代各种兵器的泛称，由"十八般武艺"演化而来，并非明确指哪18种兵器。通常的看法是指刀、枪、剑、戟、斧、钺、钩、叉、镋、棍、槊、棒、鞭、锏、锤、抓、拐子、流星。其实，古代兵器远远超过这18种。

中国古代的戈

　　戈是中国古代一种可啄可钩可推的装柄长兵器。最初是模仿兽角、鸟啄的形体制成或模仿镰刀的形状而成，用以钩割或啄刺敌人。所以，古代有钩兵、啄兵之称。戈是先秦时期主要武器之一。戈的黄金时代是青铜时期，战国晚期铁兵器的大量使用，戈的地位有所下降。秦时兵卒仍有使用戈的，到汉代逐渐被矛所代替。

　　戈主要由竹木制的长柄和横装在长柄上的戈头两部分组成，类似镰刀。主要是青铜制造的。戈头内外有刃，前有尖锋，实战时除用尖部啄击外，也可用内刃钩割、外刃推杆。戈有长、中、短3种，长戈多用于战车，短戈常与步战配合。

中国古代的矛

　　矛是中国古代使用的一种长柄的刺杀性进攻兵器。原始的矛可追溯到原始社会人们狩猎的工具，最初无定型，多用尖形石块或骨角作矛头，缚在竹木竿上，进行锥刺野兽。到了奴隶社会，矛成了战争的兵器，开始用青铜铸造。商朝时铜矛已是重要的格斗兵器，使用也极为普遍。至战国晚期，矛头开始改为铁制。汉代以后，戈戟衰落，矛成为古战场上车战、步骑战的重要武器。热火兵器出现后。矛仍在使用，与火器并存，直到清朝末年。可以说，矛是古代军中装备量最大、使用时间最长的兵器之一，素有"百器之王"的美誉。

矛可分为矛头和矛柄两部分。矛头一般可分为铜质和铁质，由中空装柄的"骹"与矛刃构成。矛刃一般有中脊、向两侧扩展成带刃的矛叶，并向前汇聚成锐利的尖锋。矛柄一般为木质或竹质。矛分长柄矛和短柄矛两种，长柄矛主要用于战车，短柄矛主要用于步卒。后来由于骑兵的发展又出现了专供骑兵使用的长矛。唐朝始称为"枪"。

中国古代的刀

刀属冷兵器，是中国古代军队装备的主要格斗兵器之一，单面侧刃，用手劈砍。其构成分刀身和刀柄两部分，刀柄短的称为短刀，刀柄长的称为长刀。长刀是从短刀发展来的。早在石器时代就有石刀、骨刀，青铜时代早期有青铜小刀，这是刀的雏形，还不能作为兵器。战国以后，由于钢铁冶炼技术的发展，出现了铁刀，西汉时已制造出钢铁刀，刀脊厚实，刃口锋利，刀身较长，与铜刀和双刃的剑相比，劈砍效能提高，在军事上的作用也受到重视。刀的样式很多，有仪刀、郭刀、横刀、陌刀、手刀、掉刀、屈刀、偃月刀、戟刀、眉尖刀、凤嘴刀、笔刀等等。

刀作为武器在战争时充分显示其威力，当是骑兵兵种出现以后，这时刀形也有了变化，为了适应在马上作战的需要，人们又制成了长柄大刀。火器出现以后，军队装备有了改变，但骑兵仍佩有战刀。甚至在近代战争中，因为骑兵机动灵活，奔驰快，骑马使刀，可砍可刺，刀的威力也令人心惊。

剑

　　剑是中国古代在近距离进行格斗的短兵器，它是由匕首和矛头演变而来的。一般由剑身和剑茎两部分组成。剑身中线突起处称"眷"，向两侧延伸称"从"，两面有刃，向前聚成锋，用作推、刺、劈。剑茎用以固定剑身和持握。随着构造的不断完善，剑茎两端又出现"剑格"和"剑首"。

　　早期的剑并不是金属铸的。旧石器时代。人们用以打猎的石器中，有一种呈三角形的尖状器，是由石英片加工而成的，可以击、刺各种野兽，这是剑的雏形。到了新石器时代。人们将石片镶嵌在兽骨的两侧，做成石刃骨剑。西周时由于冶炼的发展，才有了青铜铸成的剑。到了战国时。剑已非常流行，铸剑水平也逐渐提高，出现了一大批著名的铸剑名匠，像吴王夫差剑、越王勾践剑等。到了汉代，铸剑业更有了发展，而且有了铸剑的理论著作。作为一种兵器，春秋战国时军队曾广泛使用，而短剑则主要是作为贵族的装饰品佩带。以防身自卫而用。东汉末年骑兵已成为主要兵种，再加上其他铁兵器的发展，剑的作用逐渐为长枪所代替。唐以后，剑主要作为王公贵族和文武官员的佩饰品。

盾

　　盾亦称"干"，古代战争中士兵手持的防护装具，也称"牌"或"盾牌"。在冷兵器时代，矛是进攻性武器的代表，盾是防御性武器的代表。战国时期著名思想家韩非子曾讲过一个有趣的故事，有一个既卖矛又卖盾的人，先是夸奖他的盾如何坚固无比，再锋利的矛也刺不穿；后又吹嘘他的矛如何锐利非常，再坚固的盾也挡不住。这个故事自相矛盾，但他告诉人们，盾是一种防卫性武器。

　　人类最早的盾，应该是公元前3500~前1600年，美索不达米亚地区的苏美尔人在战争中使用的盾。我国商代就有了盾，春秋战国时代，盾就较普遍用于战争中，而且形制也各有不同。最初的盾主要是皮、木、藤等制成，多为长方形、梯形和圆形，背后有把手。到了青铜时代后，便出现了青铜盾，随着金属冶炼的发展，以铁等金属制作的盾便多了起来。而且随着战争的发展，适于各种防卫的盾也相继增多，如出于吴地的大而平的盾叫"吴魁"，出于蜀地的脊背隆起的盾叫"滇盾"。步兵用的叫"步盾"，狭而长，战车上用的盾叫"子盾"，狭而短。希腊人早期是将盾挂在脖子上使用，直到公元前8世纪才开始用左手持盾，右手持矛或刀等器械。后来，对盾的使用也有所发展，从单兵使用到集群使用，公元前480~前479年波希战争时，士兵就曾用藤盾排成一行，形成盾壁，以阻止希腊军队的进攻。战争中一般都将盾和长枪、大刀、剑一类武器配合使用，进能攻，退能自卫。火器出现后，盾牌开始退役，目前只有警察和防暴部队还使用，大都采用玻璃钢等现代复合材料制成，他们左手持盾，右手已不是持矛，而是手握警棍等现代防御工具。

戟

　　戟是我国古代士兵用作勾、啄、刺的一种冷兵器，由戈和矛结合而成。根据木柄的长短可分为车兵用的"车戟"和步、骑兵用的"短戟"，亦称"手戟"。也有两戟并用的称为"双戟"。殷代已有戈和矛联铸在一起的青铜戟，但未普遍使用。西周时期戟的数量增多，当时流行的一种将刺、胡、援、内铸在一起的"十"字形青铜戟，使用价值不大。春秋战国之际，普遍使用一种将戈和矛联装在一个木柄上的青铜联装戈，称为"多戈戟"。战国后期到秦时，戟由铜制改为铁制，形体近于"卜"字，是当时军队装备的主要兵器之一。南北朝时，戟逐渐被枪所代替。唐以后，戟便被排挤出战争舞台，成为封建社会高级官员表示身份等级的一种仪仗、守门的器物。

弓箭

　　弓箭是古代长期使用的一种射远兵器。弓由弓臂和弓弦构成，将锋利的箭扣在弦上，拉弦张弓将箭弹出。人类历史有文字记载的时候，中国、中东、印度等就有人使用弓箭。我国在2.8万年前就已经发明了弓箭。

　　原始的弓箭比较粗糙，用折弯的树枝作弓，用皮条、植物纤维或绳索绷紧作弦，用石或骨作箭。当时的弓箭主要是用于射杀鸟、鱼等小动物，或对虎豹等凶猛动物实施远距离攻击。在原始社会末期，弓箭开始用于战争。特别是青铜时代，弓箭已成为狩猎和战争的重要武器，弓箭的质量也有了很大提高。战国时代开始用弓箭装备骑兵，这时制造了步兵用的长弓和骑兵用的角弓，弓的强度也不断增大。汉朝还专门设立了掌管训练射箭的官吏，称之为"射声校尉"。唐开始设立武举制度，武举考试时，步射和骑射是必考的科目。元朝的骑兵和清朝的八骑兵都以善射而著称。火器出现后，弓箭在一定的情况下还起作用，美国的印第安人和非洲一些少数民族，甚至在近代还主要以弓箭为主要武器。

火 药

火药是中国古代四大发明之一。它是一种以硝石、硫黄、木炭或其他可燃物为主要成分，点燃后能速燃或爆炸的混合物。所以称为"药"，是因为在古代，硝石、硫黄曾被作为药材。火药发明后，也曾被入药类，据说能治疮癣、杀虫、避湿气、治瘟疫等。据现在800年前，古代人在炼丹实践中，发现硫黄、硝石和木炭混合时具有燃烧爆炸的性能，从而发明了原始的火药。到唐朝末年开始运用于军事，宋朝和辽金的战争中火药发挥了重要作用。

1258年，元朝军队在阿拉伯作战时，将火药武器传入阿拉伯。14世纪欧洲人也有了火药武器。火药的发明，在军事上开辟了使用火器的时代。

枪　械

　　枪械一般指利用火药燃气能量发射弹头，口径小于20毫米的身管射击武器。它的主要作用是通过发射枪弹，打击暴露的有生目标和薄壁装甲目标，是步兵的主要武器。枪械一般可分为手枪、步枪、冲锋枪、机枪、滑膛枪和特种枪。按自动化程度可分全自动、半自动和非自动3种。

　　枪械的历史久远，随着科学技术的发展和战争的升级。枪械也逐渐由原始型向现代化枪械发展。据史料记载，1259年，中国就制成了竹管"突火枪"，是世界上最早的管形射击火器。元朝时又制成了金属管形射击火器——火铳。明朝开始自制火枪，并大量装备军队。

　　欧洲在14世纪出现了从枪管后端点火发射的火门枪，15世纪出现了火绳枪，16世纪又发展为燧石枪。这种用撞击发火的燧石枪，一直沿用了约300年。

　　早期的枪械都是滑膛枪，枪管的内壁是光滑的。15世纪在枪膛内刻上直线形膛线，16世纪后将直线形膛线改为螺旋形膛线，从枪口装入铅丸，发射时铅丸旋转运动。出膛后飞行稳定，射击精度高，射程也加大了。1835年德国研制成功的德莱塞步枪。这种枪把弹丸、火药、起爆药一起装入枪膛，以手动关闭枪尾部，利用撞针打击点火药，引爆火药发射弹丸。从此结束了从枪口装药和装弹丸的历史。这是最早的机柄式步枪。1865年，德国人毛瑟设计了采用金属弹壳的弹壳、弹头和发射药连成一体的机柄式步枪，比过去用纸弹壳又有了新发展。人们称这种枪为毛瑟枪。这种枪有螺旋膛线，发射定装式枪弹，由射手操纵枪机机柄，实现开锁、退壳、装弹和闭锁。后来的步枪虽有多种改进，但一直沿用毛瑟枪的原理。

为了适应战场的需要，各国都注意了自动火器的研究。17世纪下半叶清康熙年间，戴梓发明了一种连珠火铳。1862年，美国人加特林发明了手摇式机枪。1883年。英籍美国人马克沁发明了第一支自动机枪，理论射速可达每分钟600发。自此，自动手枪、自动步枪、冲锋枪、轻机枪相继问世，枪械的发展进入了一个新阶段。20世纪以来，许多国家枪械的改革都致力于弹药通用化，设计一种能供自动步枪，冲锋枪、卡宾枪通用的标准型枪弹。为了减少枪种，便于生产、维修、训练和补给，各国都努力实现枪族化，枪械口径小，多种部件可互换使用。联邦德国于1969年开始研制4.7毫米G11无壳弹步枪。有些国家还在探索非火药能源（高压电能、声能或激光能）的枪械。

手　枪

手枪指单手发射的短枪。它短小轻便，使用灵活，在50米内具有良好的杀伤效力，是近战和自卫的小型武器。按用途分，一般的称为自卫手枪；少数射程较远，容弹量大，火力较强的称为战斗手枪；无声手枪和隐形手枪称为特种手枪。按构造分，有转轮手枪和自动手枪。

手枪的历史可追溯到500年前的13世纪。当时中国的元朝就出现了手铳，到了明朝，中国军队就装备了手持火铳。14世纪，欧洲出现了一种单手发射的手持火门枪，15世纪发展为火绳手枪，随后被燧石枪所代替。19世纪出现击发手枪后，多枪管旋转手枪问世。1835年，美国人柯尔特改进了转轮手枪，这是第一支被广泛应用的转轮手枪。1855年后，转轮手枪采用了双动击发发射机构，并逐渐改用定装式枪弹。转轮手枪的转轮上通常有5~6个既作弹仓又作弹膛的弹巢，枪弹装于巢中。旋转转轮，枪弹可逐发对正枪管。因手枪装弹时转轮从左侧摆出，又称左轮手枪。

19世纪出现了自动手枪。它采用弹夹供弹，弹夹装于握把内，容弹量一般6~12发，有的可达20发。1892年，奥地利首先研制出8毫米舍恩伯格手枪，1893年，德国制造出7.65毫米博查特手枪，1896年，德国开始制造7.63毫米毛瑟枪。自动手枪的广泛使用，使转轮手枪退位了。但因转轮手枪有其不可替代的优点，即出现瞎火弹时处理十分简便，所以，在一些国家的陆军和警察仍在使用。

20世纪以来，自动手枪发展很迅速，型号多种多样。随之又出现了无声手枪和隐形手枪。由于声音小，又便于隐藏，主要供特工人员和间谍执行特殊任务使用。所以称特种手枪。

当前，世界上最著名的手枪有意大利的9毫米92F式手枪。瑞士的M75式P220手枪及其变形枪P225、P226，这种手枪通过变换装置可把手枪从一种口径变成另一种口径，可发射3种手枪弹。德国是世界上著名的手枪生产国，也是手枪的故乡。世界上第一支自动手枪、第一支真正的军用手枪、第一支冲锋手枪均出自德国。世界著名的手枪设计大师伯格曼、毛瑟和沃尔特都是德国人。比利时的勃朗宁大威力手枪，已被50多个国家的军队所采用。捷克的CI75手枪是公认的二战以来最优秀的一种手枪。奥地利的格洛克17手枪是目前世界上的一种新型手枪。苏联的9毫米马卡洛夫IIM手枪，已在军队服役40年。我国的59式手枪即采用了马卡洛夫设计原理。

步　枪

　　步枪是一种单兵肩射的长管枪械，主要用于杀伤暴露的有生目标，有效射程一般为400米。也可用刺刀和枪托进行白刃格斗，有的还可以发射枪榴弹，并具有点、面杀伤和反装甲能力。步枪按自动化程度可分为非自动、半自动和全自动3种；按用途可分为普通步枪、骑枪、突击步枪和狙击步枪。

　　非自动步枪的历史比较久远，从13世纪到19世纪经过600年的发展已比较完善。19世纪30年代，世界上第一次出现了机械式步枪，这种枪使用的枪弹是将弹头、发射药和纸弹壳连成一体的。1840年，普鲁士军队装备的德莱塞步枪就是这种步枪。1865年，德国人毛瑟设计了采用金属弹壳、枪机直动式步枪。1905年。日本制造了"三八式步枪"，其枪管口径小，只有6.5毫米。这些枪只能靠手动完成推弹、闭锁、击发、开锁、退壳等动作，19世纪末开始研制自动步枪，1908年，墨西哥首先装备了蒙德拉贡设计的6.5毫米半自动步枪。这种枪能够自动完成退壳、送弹动作，但也只能单发，扣动一次扳机只能发射一发子弹，战斗射速一般为35~40发/分。第二次世界大战后。全自动步枪被广泛采用。这种枪能够连发射击，射速高，射击稳，枪身短，重量轻，能够自动装填子弹和退弹壳。战斗射速单发时一般为40发/分，连发时为90~100发/分。当前，世界各国的步枪正向着统一弹药，简化弹种和枪种以及小口径的方向发展。有些国家以步枪为基础，发展了基础结构相同、多数零部件可以互换、使用同种枪弹的班用枪族。如苏联的AKM自动枪和PIIK班用轻机枪枪族，同时取代了结构不同的3种武器。1958年美国开始试验5.56毫米自动步枪，1974年苏联也定型了5.45毫米AK74自动枪。这些新式自动步枪，口径小，初速高，杀伤威力大，后坐冲力小，连发精度高，可增加携弹量，提高士兵连续作战能力。近些年在欧洲一些国家还制成了一种枪托与机匣合一的步枪，如法国的玛斯卡枪，枪握把在弹匣前方。可保持足够的枪管长度，明显减少枪长。德国于1983年已用带有高速点射控制机构的4.7毫米CII无壳弹步枪装备了部队。

骑枪枪身稍短，便于骑乘射击。卡宾枪是一种缩短的轻型步枪。狙击步枪带有光学瞄准具，用于对单个目标进行远距离精确射击，一般有效距离可达600~800米。夜间射击还装有夜视瞄准具。

冲锋枪

通常指双手握持发射手枪弹的单兵连发枪械。它是一种介于手枪和机枪之间的武器。比步枪短小轻便，便于突然开火，射速高，火力猛，适用于近战和冲锋，在200米内有良好的杀伤效力。

世界上第一支冲锋枪是意大利陆军上校列维里于1914年设计的，1915年由维拉·派洛沙工厂生产的，称派洛沙式。这种枪双管自动，发射9毫米手枪子弹。由于射速高达3000发/分，精度很差，也较笨重，不适于单兵使用。1918年德国著名的轻武器设计师斯迈塞尔设计的，发射9毫米手枪弹的MP18冲锋枪问世。这种枪火力猛，适于单兵使用，其改进型MP181型于当年夏天就装备了德国部队。1936~1939年，在西班牙内战期间，双方都大量使用过德国的这种冲锋枪，以及本国制造的各种冲锋枪。这是有史以来首次大规模使用冲锋枪的战例。第二次世界大战时期，是冲锋枪发展的黄金时期，不同型号的冲锋枪得到了迅速的发展和使用。1938年。纳粹德国的党卫军、冲锋队，率先装备了MP38式冲锋枪，在战场上大逞神威。苏联是使用冲锋枪最多的国家，二战期间共生产各种型号的冲锋枪700多万支。冲锋枪在苏联卫国战争中立下了赫赫战功。战后，又出现了发射中间型枪弹的自动枪械，它具有冲锋枪的密集火力和近于步枪的杀伤威力。中国称这种枪为冲锋枪，有些国家称为突击步枪或自动枪。60年代中期，美国又率先使用小口径步枪，并使之风靡全球。

机　枪

利用部分火药气体的能量和弹簧的伸张力推动机件使之连发射击，带有两脚架、枪架或枪座等固定装置的枪。通常分为轻机枪、重机枪、高射机枪和飞机、舰艇、坦克专用机枪等。

轻机枪是装有两脚架，重量较轻，携带方便的机枪，有效射程为500～800米，战斗射速为80～150发／分。可卧姿抵肩射击，也可立姿或行进间射击。轻机枪一般装备在班、排，因此又称班用机枪，是步兵冲锋和防御的主要支援武器。

重机枪是装有稳固枪架，射程较远，威力较大，全枪较重，可分解搬运的机枪。是步兵分队的主要支援火器。枪架一般具有平射、高射两种用途，即能射击地面目标，又能射击低空飞行的目标。战斗射速为200～300发／分。

两用机枪指轻重两用机枪。枪身以两脚架支撑可当轻机枪用，装在枪架上可当重机枪用。兼有轻重机枪两种性能。

19世纪出现步枪以后，各国军队的作战方式大多采用群团式冲锋式守御，步枪由于射速低，对于集团式的冲锋或守御作用有限。为了提高射击速度，19世纪末，西方资本主义国家都相继开始了连发枪械的研制。英国人帕克尔首先研制出单管手摇机枪，但由于枪身太重、装弹困难，未受到重视。1883年英籍美国人马克沁发明了利用火药燃气为能源的机枪，使机枪的研制取得突破性进展。随后各国部队普遍配备了重机枪。在第一次世界大战中机枪显示出其巨大的威力。1916年7月1日，索姆河会战爆发了。英军集中了大量兵员于索姆河地区。准备从这里突破德军防线。清晨，英军第四军的一个师以密集的队形，在250门大炮的掩护下，向河北进攻。德军用马克沁重机枪等武器，向密集队形的英军进行了持续猛烈的射击，使英军一天之内伤亡了6万余人。在一次世界大战后，机枪有了重大发展。机枪精度有了提高，重量减轻。

高射机枪口径小于20毫米，主要用于射击空中目标的大口径机枪。有单管的和多管的，可射击高度在2000米以内的空中目标和地面的薄壁装甲目标和火力点。

火箭筒

火箭筒是一种发射火箭弹的便携式反坦克武器，用于近距离上打击坦克、装甲车辆，摧毁工事及杀伤有生目标。一种是发射筒兼做火箭弹包装具，打完就扔的一次使用型；一种是弹、筒分别包装携行的多次使用型。

火箭技术在中国有着悠久的发展历史。早在公元969年，宋朝的冯义升和岳义升等人就发明了世界上第一支用火药作动力的箭。公元1000年，神卫水队长唐福献制造了火箭。公元1598年（明万历二十六年），赵士祯制作的一种叫"火箭溜"的火箭发射装置，能够赋予火箭一定的射向和射角，可视为火箭发射装置的雏形。当时有能装32支火箭的集束式"一窝蜂"，有能在火箭上装配刀剑等锐利武器、射程达300多米的"飞刀箭"。后来还发明了"神火飞鸦""飞空击贼震天雷""火龙出水"等。13世纪元军西征时，把火箭技术传到了阿拉伯，以后又传往欧洲。直到20世纪初，液体燃料火箭技术才开始兴起。

反坦克火箭筒最早出现于二次大战期间，主要有2种类型，一种是美军装备的60毫米M1式火箭型火箭筒；一种是德军装备的无后坐力炮型火箭筒。由于战争期间，轴心国与同盟国之间都有大量的坦克以及其他装甲车辆投入战场，在战场上出现了坦克的集群进攻，对防守一方的军队造成了巨大压力，步兵部队迫切需要反坦克武器，交战各方纷纷投入力量进行反坦克武器的研制和发展。美军在二战后期还装备了大威力的M20型火箭筒。以后中、苏、联邦德国等国也在火箭筒的研制和发展方面取得了重大进展。70年代以来又研制出一次性使用的火箭筒。火箭筒由于重量轻，造价低，使用方便，自二次世界大战以来，一直是步兵反坦克作战的主要武器之一。

火箭筒是由火箭弹和发射管组成，前后敞开，筒壁很薄，火箭弹装在发射管内。火箭弹上的发动机里面装有推动火箭运动的固体火药。当发射时，火药燃烧产生高压气体从发动机的喷管向后喷出，向前推动火箭弹高速飞行，而火箭筒的发射管只起导向作用。最典型的新式反坦克火箭发射器有苏联的RPG—18和RPG—22，英国的"劳"80，法国的AC300"朱辟特"，德国的"铁拳"3等。同第二代发射器相比较，新一代发射器的主要特点是威力大，破甲厚度由原来的300～400毫米提高到700～800毫米；机动性好，一般只有10公斤左右，个别的仅有4公斤；适用性强，发射时采取了消除和减少火光、声响及喷焰等措施；初速大，一般在250～350米／秒之间，使有效射程提高60%～100%。

手榴弹

简单说，手榴弹就是用手投掷的适于近战的小型炸弹。具有体积小、重量轻、威力大、使用方便的特点。普通手榴弹有木柄手榴弹和菠萝形手榴弹2种。一般重300~600克，有效杀伤半径7~15米。按其用途又分为杀伤、燃烧、发烟、照明、反坦克和教练等弹种。

手榴弹是现代步兵必要装备之一。我军在抗战时期，由于子弹极为缺乏，一些部队主要依靠集束手榴弹爆炸产生的巨大杀伤力，破坏敌人的防御，掩护部队冲锋。那时流传着"大盖枪、手榴弹，打得鬼子人仰马翻"的歌谣。

现代战争中手榴弹仍具有重要的作用，各国的步兵都配有这种武器。除了配有杀伤手榴弹，通过破片和爆破杀伤有生目标，还配有特种手榴弹，如发烟手榴弹、信号手榴弹、燃烧手榴弹、照明手榴弹和催泪手榴弹等。还有一种反坦克手榴弹，又称反坦克手雷，多用空心装药，瞬发引信，通常配有手柄，弹尾有尾翅或稳定伞，以保证命中姿态正确，利于破甲，一般重量在1公斤左右。反坦克手榴弹有特殊的办法能吸在坦克装甲上，一种磁性吸引，扔出的手榴弹通过磁铁牢牢地吸在坦克装甲上，爆炸后通过破甲射流击穿甲板，杀伤坦克内的乘员。另一种是通过弹内施放的热能将弹上黏性树脂熔化，而将手榴弹牢牢地粘在坦克甲板上，它的爆炸力能穿透100多毫米的甲板。还能穿透500毫米的混凝土工事。所以，坦克对它还真要多加小心。

枪榴弹

枪榴弹是装于步枪枪口的发射器和特制空包弹发射的小型炸弹。它由弹体、引信、弹尾等组成。发射的弹种有榴弹、破甲弹、信号弹、燃烧和毒气弹等。

枪榴弹的弹体多为球形或柱形，具有很强的杀伤力，最大射程为 300～600 米，杀伤半径在 10～30 米。反坦克枪榴弹的垂直破甲厚度可达 350 毫米，可穿透 1000 毫米的混凝土工事。

榴弹发射器是一种发射小型榴弹的轻武器。主要用于毁伤有生目标和轻型装甲目标，对于小集群的步兵和各种轻装甲车辆有很好的杀伤力。

枪榴弹和榴弹发射器出现的时间都在 16 世纪，枪榴弹的发展略快于榴弹发射器的发展，二者的发展到了 20 世纪初有了较大的进步。50 年代以后，又出现了新型的枪榴弹和榴弹发射器。如直接以枪口兼作发射具、弹上带瞄准具、弹尾内装弹头吸收器等，使枪榴弹的射程、杀伤和破甲能力得到了很大提高。榴弹发射器有些则与步枪相结合，提高了步枪的杀伤力和破甲能力。70 年代以后又出现了各种自动发射器，还有些直接与各种车辆、舰艇衔接使用。

喷火器

亦称火焰喷射器。喷射液体燃料的高温火焰的武器。由油瓶、输油管、喷火枪组成。所用油料通常是铝皂型凝油粉稠化的凝固汽油，粘附性强，能产生800℃的高温。主要有便携式和车载式两种类型。便携式由单兵背负使用，最大射程为40～80米。车载式安装在坦克、装甲车辆上，称喷火坦克（装甲车），最大射程为200米，主要以高达800℃的高温火焰杀伤人员，烧毁军事装备和火力点。在攻击坑道洞穴等坚固的工事时，喷火器具有其他武器所无法比拟的优点，是山地和丛林地区进行攻坚战的较理想的武器。

瞄准具

能赋予射击武器或投掷武器准确的瞄准角度，使平均弹道通过目标的装置。

瞄准具按所配用的武器，可分为枪械、火炮、坦克和航空瞄准具；按结构和原理，可分为机械、光学、光电等瞄准具。

机械瞄准具按三点成一线原理，用眼睛通过照门和准星瞄准目标的装置。主要配备在手枪、步枪、冲锋枪、机枪、火箭筒等近距离射击武器上。

光学瞄准具主要由瞄准具、表尺分划筒，方向和高低机等装置组成。主要配备在火炮、坦克炮、狙击步枪上。

光电瞄准具、激光瞄准具及自动电子瞄准具等，由于精度高，误差小，装在各种枪械、火炮和飞机上，使各种武器性能得到普遍的提高。美军在海湾战争中首次使用装有夜间低空导航和红外目标瞄准系统的F—15E战斗轰炸机，增强了夜间对地作战的能力。先进的红外目标瞄准系统，使美军飞机进行攻击和轰炸时，具有更高的准确性。

火　炮

口径在20毫米以上用火药发射弹丸的管形射击武器，火炮种类很多，按用途可分地面炮、高射炮、航空炮、坦克炮、舰炮和海岸炮。火炮由于口径大、射程远、有良好的射击精度，被用来压制、歼灭敌人的有生力量，击毁各种装甲目标，摧毁各种防御工事和其他工事。

火炮通常由炮身和炮架两大部分构成。炮身部分由身管、炮尾、炮闩和炮口制退器组成。身管用来赋子弹丸初速及飞行方向，并使弹丸旋转。炮尾用来盛装炮闩。炮闩用来闭锁炮膛、击发炮弹和抽出发射后的药筒。炮口制退器用来减少炮身后坐能量。

炮架由反后架装置、摇架、上架、高低机、方向机、平衡机、瞄准装置、下架、大架和运动体等组成。反后坐装置包括驻退机和复进机。驻退机使炮身后坐至一定距离而停止。复进机用来使炮身后坐终止时复进到原来的位置。火炮出现的时代大约在13世纪末至14世纪初。中国在元代已出现了火炮的雏形——火铳。元、明两代火炮在中国有了很大发展，但也只是停留在发射弹丸上，没有出现现代意义上的火炮。中国的火药、火器西传以后，在欧洲开始了发展时期。15世纪以后，欧洲在火炮上超越了中国，处于领先地位，出现了成体系的弹道学理论，为火炮的发展奠定了基础。15世纪，意大利、德国、荷兰制造出了榴弹炮，16世纪出现了加农炮，19世纪出现了线膛炮，20世纪出现了迫击炮。此后，火炮有了飞跃发展，陆续制造出高射炮、反坦克炮、自行火炮等各种采用现代高科技的火炮，无论在理论上和实际应用上，都使火炮的威力有了极大的提高。现在世界上射程最远的火炮，是1918年3月从德国圣戈班林区轰击法国首都巴黎时用的"巴黎大炮"。它的炮管长达37米，射程120公里，比目前美国的"鱼叉"导弹射程还远。射程最高的火炮是苏联KS-20式130毫米牵引式高射炮，它的有效射程17公里，最大射高21.9公里，同美国的"爱国者"导弹射高差不多。射速最快的火炮是美国"火神"式6管20毫米转管航炮，射速为6000发／分。美国海军用的"火神——密集阵"6管防空炮射速为3000发／分。目前，世界上几个发达国家装备的主要火炮已有40多种。现代炮兵正向着增大射程、提高精度、射速、机动性和防护力，以及自动化指挥程度的方向发展。

榴弹炮

　　榴弹炮是一种身管较短，弹道比较弯曲，初速较小，射角较大，适合于打击隐蔽目标和地面目标的野战炮。炮身长通常是口径的20～30倍，射角在45°以上。主要用于歼灭、压制暴露的和隐蔽的有生力量和技术兵器，破坏工程设施、桥梁、交通枢纽等，是地面炮兵配备的主要炮种之一。

　　榴弹炮弹道较弯曲，弹丸的落角很大，接近沿铅垂方向下落，因而弹片可均匀地射向四面八方。这种炮采用变装药变弹道可在较大纵深内实施火力机动。20世纪以来，榴弹炮有了长足的发展，出现了多种口径的榴弹炮，炮身逐渐加长，口径逐渐变大。第一次世界大战时，各国装备的榴弹炮，身长是口径的15～22倍。二战期间，这种比例发展到20～30倍。60年代，炮身长与口径的比例发展到30～44倍，初速达827米／秒，最大射角达75°，发射制式榴弹最大射程达24500米，发射火箭增程弹最大射程达3万米。因而有些国家用榴弹炮代替了加农炮。

　　80年代研制的榴弹炮广泛采用了现代电子技术等先进技术，表现出新的特点。一是自行与牵引并重，以自行为主。这样可使流速加快，机动能力强，能在敌立足未稳之际，便将炮弹像雨点般倾泻于敌阵地，摧毁其有生力量、装甲车辆、炮兵阵地及设施。如英国最新研制的AS90式155毫米自行榴弹炮，最大公路行驶速度可达每小时53公里，最大公路行程为420公里，爬坡度60%。侧倾度25%，可以通过高达0.75米的垂直障碍物，跨越宽达2.8米的壕沟，涉水深度可达1.5米。这种榴弹炮采用全焊接装甲炮塔，装甲钢板最大厚度为17毫米，可防直射距离内的7.62米枪弹，100米距离内的14.5毫米穿甲弹及榴弹片。炮管达口径的39倍，射程达24.7公里。二是射程和射速有较大提高，往往先发制人，迅速取得火力优势，以求在最短的时间内向敌阵地倾泻最多的炮弹。瑞典的FH-77A155毫米榴弹炮的射速已达8秒钟发射3发的高水平。三是研制制导炮弹，增强远距离反活动装甲目标的能力，从而大大地提高了榴弹炮的命中精度，使之具有导弹的某些特点，而在破甲、杀伤等方面又优于导弹。如美国的155毫米激光半主动制导炮弹"铜斑蛇"，对20公里外的坦克射击，命中率高达80%～90%，散布误差0.3～1米。

加农炮

　　加农炮身管长，初速大，射程远，弹道低伸，变装药号数少，适用于对装甲目标、垂直目标和远距离目标的射击。海岸炮、坦克炮、反坦克炮和航空炮都具有加农炮弹道低伸的特性。14世纪到16世纪时，欧洲人便把这种身管较长的炮称为加农炮，当时炮身管长为16～22倍口径，18世纪身管长一般为口径的22～26倍。二次世界大战期间，口径在105～108毫米之间的加农炮得到迅速发展，炮身长为口径的30～52倍，最大射程达3万米。20世纪50～60年代炮身长达到口径的40～61倍，初速达950米／秒，最大射程达3.5万米。到了70年代，有些国家新研制的榴弹炮也具有弹道低伸的特性，榴弹炮和加农炮合为一体，再没有研制新的加农炮。

迫击炮

　　迫击炮是用座板承受后坐力，发射迫击炮弹的曲射火炮。迫击炮射角大，一般为45°～85°，初速小，弹道弯曲，最小射程近，杀伤效果好，通常发射带尾翼弹。迫击炮体积小，结构简单，操作方便，便于随同步兵行动。它便于选择阵地，可以消灭遮蔽物后的敌人，摧毁敌障碍物及轻型土木工事，为步兵开辟道路。

我军最早装备迫击炮始于红军时期。1930年7月，彭德怀元帅指挥红三军团攻打长沙，缴获2门山炮和6门迫击炮，成立了红军第一个炮兵团，其中6门迫击炮编成2个连队。从此，红军有了自己的炮兵。

迫击炮按炮膛结构分为滑膛式和线膛式，按装填方式分为前装式和后装式，按运动方式又分为便携式、驮载式、牵引式和自行式。大口径迫击炮射程一般在9～13公里左右，中口径迫击炮射程一般在5公里左右，小口径迫击炮一般射程为3～5公里。

迫击炮通常由炮身、炮架、座板和瞄准具4部分组成。发射时，炮身的后坐力通过座板传至地面，靠土壤的变形吸收后坐的能量，控制炮身的运动，提高射击的精度。在野战的情况下，座板设置的一般方法是：挖一个深20厘米左右的前倾的梯形坑，将迫击炮的座板置入坑内。这种设置方法的优点是座板比较稳固，射击时下沉量小，不易跳动，可获得较好的射击精度。这种设置只适用于轻型迫击炮，如中国1967年生产的82毫米迫击炮，美国的60毫米连用迫击炮，以及英国的81毫米迫击炮。而大中型迫击炮的设置则有更高的要求。

无坐力炮

无坐力炮发射时炮尾向后喷火产生反作用力，抵消后坐力使炮身不后坐的火炮。它体积小，重量轻，结构简单，操作方便，但射程较近。主要用于近距离平射，摧毁装甲车辆和坚固的火力点。

无坐力炮有单管式和多管式。按运动方式分便携式、牵引式、自行式和车载式。现代无坐力炮的口径大多集中在90～120毫米间。射程在1000米左右。

我国于1965年研制并生产的82毫米无坐力炮，全炮重仅29公斤，便于携行。在1979年对越反击战中，我军士兵用82毫米无坐力炮射击坚固的钢筋混凝土工事，取得良好的战果。

　　现代美国和前苏联研制的无坐力炮，由于使用各种破甲弹、火箭增程弹等，对坦克、装甲车等装甲目标有很好的破甲能力，是有效的近距离反坦克武器。前苏联的ⅡT9式73毫米无坐力炮，发射火箭增程弹，破甲厚度在394毫米。日本生产的60式106毫米22管自行无坐力炮，发射7.97公斤重的破甲弹，破甲厚度在550毫米。70年代以后，各国着重提高弹丸的破甲能力，提高无坐力炮的性能。

火箭炮

　　火箭炮是利用火箭发射架或管发射火箭弹的一种大威力面杀伤武器系统的总称。火箭炮发射速度快，火力猛，突袭好，射弹散布大，能够迅速、突然、猛烈地以饱和火力打击敌人。

　　中国是火箭的故乡，早在公元969年就制成了世界上第一支以火药为动力的火箭。当时是把药筒绑在箭上，点燃火药，利用药筒的反作用力将箭推向前进。这是一种原始的火箭。这种火箭已广泛运用在军事上。以后制成有32支火箭齐射的"一窝蜂"，有49支火箭齐射的"飞帘箭"，有100支火箭齐射的"百虎齐奔箭"等。但长时期没有什么发展。13世纪，欧洲人接受了中国火箭武器，几个世纪后便发明和制造了现代的火箭炮。

　　现代的火箭炮主要是引燃火箭弹的点火具和赋予火箭弹初始飞行方向。与普通火炮相比，火箭弹靠本身发动机的推力飞行，火箭炮不需要承受膛压的笨重炮身和炮闩，没有反后坐装置，能多发联装和发射弹径较大的火箭弹。它的特点是，第一，射程远。不像普通身管火炮要增大射程受到一定限制，只要改变火箭推进剂、增大装药量、改善发动机性能就可以增大射程。1939年，苏联制成M13式火箭炮，俗称"喀秋莎"，一次可发射16枚132毫米弹径的火箭弹，最大射程8.5公里，能在7~10秒钟将16枚火箭弹全部发射出去，再装填一次需5~10分钟。一个由18门M13火箭炮组成的炮兵营，一次齐射便可发出288枚火箭弹，给德军以沉重的打击。第二，火力猛。同榴弹炮相比，一个18门制的122毫米40管火箭炮营，20秒内可发射720枚火箭弹；而一个18门制的122毫米的榴弹炮营，20秒内只能发射48~72发炮弹，相差十几倍。第三，机动性好。它能迅速捕捉目标，并在短时间内发射大量火箭弹，打完就走，迅速转移到新的阵地再发起进攻。缺点是射弹散布大，只适合对付面积目标。

当今的火箭炮发展趋势是进一步减小射弹散布，实现自动化装弹，采用电子计算机控制操作和指挥，并在保证良好机动性能的前提下，适当地增加定向器的装弹数目和增大射程。如北约组织准备发展3种不同类型的火箭炮：射程20~30公里的轻型火箭炮，射程50~60公里的中型火箭炮，射程100公里以上的重型火箭炮。海湾战争中美军首次使用的最新式M270型火箭炮，是世界上威力最大、自动化程度最高、射程最远的一型火箭炮。其瞬间火力（1分钟）比一般地面压制武器可提高8倍，持续火力（1小时）可提高1倍以上。这种火箭炮采用组装式发射装置，发射管用玻璃钢制成，长3.985米，内径298毫米。它可以选用4种不同类型的弹药：采用M77式反装甲杀伤子母弹型的火箭弹，战斗部内装644个子弹头，可击穿40毫米厚的坦克顶部装甲，射程为32公里。采用AT-2型反坦克布雷火箭弹，战斗部内装28枚小地雷，可击穿140毫米的坦克腹部装甲，射程为40公里。采用带末敏子弹头的火箭弹，战斗部内装有6个毫米波末端敏感式反装甲子弹头，能自动寻找击毁目标，射程45公里。采用"萨达姆"式末敏反装甲子弹头火箭弹，可用3个自锻成形战斗部击毁厚达40毫米以上的坦克顶部装甲。美军采用这种火箭炮，对伊拉克军队前沿阵地进行了猛烈的轰击，给伊军造成惨重损失。

反坦克炮

反坦克炮是一种采用直接瞄准，主要用于对坦克和其他装甲目标射击的火炮。它炮身长，初速大，直射距离远，发射速度快，射角范围小，火线高度低。其结构与一般火炮基本相同，便于对运动目标的射击，一般采用半自动炮闩和测距与瞄准合一的瞄准装置。

反坦克炮是伴随着坦克的发展而逐步发展起来的。第一次世界大战时，战场上战壕纵横，碉堡林立，阵地防御战术日臻完善。英军对德军的进攻战中损失惨重，急于研制一种既能攻又能守，还能运动的新式武器，用来摧毁敌方的防御阵地。1915年2月，英国海军大臣在海军部秘密设立了一个"创制陆地巡洋舰委员会"，旨在设计和制造一个能像海上巡洋舰那样具有强大的火力、坚固的装甲和良好的机动性的新式武器。最初，设计人员搞出了一个高达4层楼房的新式武器的蓝图，后又根据澳大利亚的一种试验模型车重新设计，终于制出了世界上第一辆坦克。当时的坦克像一个斜方形铁盒，自重28吨，长8.1米，宽4.2米，高3.2米，装甲最厚部分10毫米，车体两侧装有2门57毫米口径的舰用炮，还配备了4挺机枪。铁盒后方拖着两只导向轮，车体外廓绕着两条金属履带，一般每小时行1~3公里，最快只能行6公里。1916年9月15日，在法国的索姆河会战中，英国只有32辆。坦克的出现使德军大为震惊，阵地屡屡被突破。当时英国人给这种武器起名"水柜"，汉语译音"坦克"。

　　有盾就有矛。坦克使用的初期，只能用步兵炮和野炮对它进行射击，很快便研制出反坦克炮。一战以后，瑞士、德国等相继发展了20毫米、37毫米、47毫米反坦克炮，采用钨芯穿甲弹，完全能够穿透当时坦克的6～18毫米的装甲。第二次世界大战中，坦克的装甲猛增至70～100毫米。1941年，德军将一辆苏军KB-1型重型坦克围困了3天，先是调了一个炮兵连，用6门38式50毫米反坦克炮向苏军坦克轰击，结果炮弹反弹，无法击穿装甲；夜晚，德军又派12名工兵用炸药炸，仍未奏效；之后又用6辆坦克进行轰击，结果苏军坦克被击毁。后查明，虽然先后发射了上百发炮弹，但只有2发88毫米炮弹击穿了装甲。所以，在二战期间，随着坦克装甲厚度的增加，反坦克炮的口径也随之增大到57～100毫米。1943年，仅苏联就生产了23200门反坦克炮，初速达900～1000米／秒，穿甲厚度在1000米距离上可达70～150毫米。二战以后，反坦克导弹出现了，一些国家不再发展反坦克炮了。但因反坦克炮有多种弹药，适应性能好，比较经济，近距离首发命中率高，所以有些国家仍在使用。如苏联125毫米反坦克炮发射尾翼稳定脱壳穿甲弹，在2000米距离上垂直穿甲厚度可达500毫米。有的国家还在研制自行反坦克自动炮，设想使数发炮弹命中坦克同一部位，以提高对复合装甲的破坏力。

高射炮

高射炮是从地面对空中目标进行射击的火炮。简称高炮。它炮身长，初速大，射速快，多数配有火控系统。也可进行水平射击，打击地面目标。有随动装置的高射炮，可用雷达和指挥仪计算射击诸元，通过同步联动，控制火炮自行瞄准射击。

高射炮根据口径可分为大、中、小三种口径的高射炮。口径超过100毫米的是大口径高射炮；口径在60～100毫米之间的是中口径高射炮，如85毫米和100毫米高射炮；口径小于60毫米的是小口径高射炮，如37毫米和57毫米高射炮。

高射炮的原理和结构与一般火炮基本相同。有机械化或自动化装填机构，可连续地自动地装填和发射。按运动方式分为牵引式和自行式高射炮。

高射炮出现于第一次世界大战前夕。在第一次世界大战中，德、法等国的部队首先装备了高射炮，主要是75毫米、105毫米等型号的高射炮。第一次世界大战后，随着飞机性能的提高，高射炮也有了长足的发展。高射炮逐渐配有自动瞄准具，精度有了很大的提高，发射速度快，初速高，射高达到万米以上。60年代以后，由于地空导弹的出现，大口径的高射炮发展速度减慢，中、小口径的高射炮则在继续发展，发射速度达300～1000发／分；还出现多管连装，装备炮瞄雷达、光电跟踪和测距装置等现代仪器的自行高射炮系统，提高了高射炮的射击效果和机动性能。如苏联1966年装备的4管23毫米自行高射炮，美国1960年装备的20毫米6管转管自行高射炮。

自行火炮

  自行火炮是一种安装在各种车辆底盘上，不需外力牵引而能自行运动的火炮。它越野性能好，进出阵地快，多数有装甲防护，战场生存力强，有些还可浮渡，能够更紧密地同机械化部队协同作战。

  自行火炮按装甲防护可分全装甲式（全封闭）、半装甲式（半封闭和顶部、尾部暴露）、敞开式（没有装甲防护）3种。全装甲式的具有对核武器、化学武器和生物武器的防护能力。

  自行火炮主要由武器系统、底盘部分和装甲车体3部分组成。武器系统包括火炮、机枪、瞄准系统和装填弹系统等。底盘系统通常采用坦克或装甲车的底盘，有的则是专门设计的底盘。全封闭或半封闭自行火炮的装甲材料，主要有钢质和铝合金两种，前装甲厚，侧、后部装甲薄。

  第一次世界大战期间，交战的各方为增加火炮的机动性能，直接将火炮装在汽车的底盘上，出现了最早的自行火炮。第二次世界大战期间，随着坦克的发展，自行火炮作为有力的支援武器，得到了迅速发展。现代的自行火炮的特点，一是机动性好。最大时速30～70公里，最大行程250～700公里，具有良好的越野能力。战斗中可执行防空、反坦克、对地面目标的攻击。美国的203毫米自行榴弹炮，可在30分钟内分解为底盘和炮身两大部分，以便用飞机空运至战场前沿。二是火力配系合理。火炮与车辆相结合为一体是自行火炮一大特征，什么样的火炮都可以往车上装，如榴弹炮、加农炮、迫击炮、无坐力炮、高射炮等，可根据战场需要迅速形成合理的有效的火力配系，最大限度地发扬火力。

三是防护力强。现代的自行火炮大都采用坦克、装甲车底盘，履带驱动，装甲车体的装甲厚度可达10~15毫米，可安装比同样底盘的坦克更大口径的火炮。70年代美国改型的M109A1式和M109A2式自行榴弹炮，身管长为口径的39倍，射程达1.8万米。

牵引火炮

牵引火炮是靠机械车辆牵引而运动的火炮。牵引火炮均有运动体和牵引装置。运动体包括车轮、缓冲器和制动器，车轮采用海绵胎或充气胎。在第一次世界大战期间，随着汽车和拖拉机的使用，出现了牵引火炮。第二次世界大战期间及以后，机械车辆牵引成为火炮运动的一种基本方式。牵引火炮主要有滑膛炮、线膛炮及坦克炮。

航空机关枪

航空机关炮是安装在飞机上的口径在20毫米以上的自动射击武器，简称航炮。口径多为20~30毫米。它结构紧凑，重量轻，射速高，反应时间快，机动性能好，杀伤威力大，与机载火控系统组成航空武器系统。

航空机关炮可分为单管式、多管式和转膛式。单管式由一个炮管和一个弹膛组成，利用火药燃气能量，完成射击程序。多管式是由3~7个炮管和相应弹膛组成，在外部能源作用下，完成射击过程。转膛式由一个炮管和一个可旋转的弹膛组成，利用火药燃气能量，使鼓轮旋转，依次对正枪管，进行发射。

自20世纪初，飞机发明以来，空战就成为一个现实问题。第一次世界大战开始时，飞机没有配备武器，交战双方的飞机相遇时，飞行员还互相挥手致意。随着战争的进行，这种友谊消失了，双方的飞行员互相用手枪进行射击。1916年法国首先在飞机口装备了37毫米机关炮，很快德国飞机也装备了机关炮。二次大战中，航炮是主要的空中射击武器。在现代条件下，主要是用于近距离格斗使用，也就是说，在空空导弹的最小射程以内填补死区，也是飞机的一种近防武器系统。

舰　炮

舰炮是装备在舰艇上的海军炮。是舰艇的主要武器之一。用于对水面、空中和岸上目标进行射击。舰炮按口径可分为大、中、小3种，按管数可分为单管、双管和多管。

舰炮由基座、起落、旋回、瞄准等系统组成。现代的舰炮口径一般都在20～130毫米之间，通常采用加农炮，它身管长，射程远，多管联装，瞄准快，射击命中率高，对高速运动的目标可以进行高速有效的射击。随着现代高科技的发展，舰炮在火控系统，自身机动能力，以及全天候作战能力方面都有了显著提高。

自公元14世纪出现火炮，随着军舰就装上了火炮，多配置在船的两舷，故称舷侧炮。大型战舰装备的火炮多达上百门，火炮成为舰艇的主要作战武器，炮战成为海战的主要形式。在现代海战史上最著名的日德兰海战就是舰炮作战的典范。1916年5月末6月初，第一次世界大战进入第三个年头，陆上战斗进入胶着状态，双方都想从海上打开缺口，消灭对方的海军主力。5月末，德海军舰队主力110艘战舰离开威廉港驶向公海，寻找英海军舰队并予以消灭，打破英对德的海上封锁。英海军得到情报后，也全体出动，151艘战舰出海迎击德海军。并相机消灭德海军舰队的主力。6月初，双方海军舰队的主力在丹麦的日德兰半岛附近的海域不期而遇。首先，双方的前卫舰队发生遭遇战。德海军的旗舰与英海军旗舰成对厮杀，英旗舰首先中弹，后甲板两门381毫米主炮被打哑，弹仓中弹，战舰起火，被迫退出战斗。英舰"不屈"号和"玛丽皇后"号在德军舰炮的密集火力射击下沉没。很快双方舰队的主力赶到，决战时刻到了。双方几百艘战舰在空阔的海面上相互追逐，火光闪耀，炮声连天，日德兰海战达到了最高潮，双方舰队都猛烈射击，在海上激起一堵堵高高的水幕。经过12小时的战斗，德国海军退出战斗，英海军追击，双方脱离接触，日德兰海战结束。在双方舰炮的打击下，英国损失14艘战舰，死亡6090人，德国损失11艘战舰，死亡2550人，可见舰炮火力是多么的猛烈。

在现代条件下，反舰导弹、舰空导弹、反潜导弹和巡航导弹大量装舰使用。这些武器射程远，精度高，破坏威力大，作战效能好。在这种情况下，舰炮还能发挥作用吗？各国的军事家们对此争论不休。但实践证明，舰炮还有其不可替代的作用。例如海湾战争中，多国部队在确定登陆之前，必须摧毁伊拉克沿岸的碉堡、工事、岸舰导弹阵地等设施。要执行这样的任务，动用价值135万元一枚的"战斧"导弹攻击，就未免大材小用，目标价值太低；距离也太近，从波斯湾算起还不到40公里。美国"密苏里"和"威斯康星"号战列舰各装有9门世界最大口径的406毫米舰炮，炮弹重1225公斤，能穿透9米厚的混凝土加固工事，利用舰炮发射数百发重磅炮弹，就将目标全部摧毁。而"战斧"导弹的战斗部只有120公斤，在炸同等目标时绝不会有如此大的穿甲延时爆破威力。在攻击水面目标时也是如此。反舰导弹能攻击远达500公里的舰船，但对离舰7公里以内的水上目标就显得无能为力，因为这时它处于弹道爬升阶段和开始巡航飞行段。在这种情况下舰炮就可以充分发挥作用。在防空方面的情况也很类似。舰空导弹虽然可以拦截5～110公里的空中目标，但对5公里以内的来袭目标就力不从心，这时使用舰炮拦截往往是非常有效的。所以，无论怎样先进的武器都有盲区，在现代战争中仅靠一两种先进武器难以赢得战争。导弹和舰炮各有千秋，只能互补，不能取代。

海岸炮

　　海岸炮是配置在沿海地段、岛屿和水道两侧的海军炮。简称岸炮。是海军岸防兵的主要武器之一。主要用于射击海上舰艇、封锁航道，也可用于对陆上和空中目标的射击。

　　海岸炮有固定式和移动式两种。固定式一般配置在永备工事内，移动式有列车牵引炮和铁道列车炮。初期的海岸炮与陆炮相同，以后逐渐发展成专用的海岸炮。现代海岸炮的口径一般为100～406毫米，射程为30～48公里。火炮连同指挥仪、炮瞄雷达、光电观测仪等组成海岸炮武器系统，能自动测定目标要素，计算射击诸元，在昼夜条件下对目标射击。具有投入战斗快、战斗持久力强、不易干扰、射击死角小、命中概率高、穿甲破坏能力强等特点，是海岸防御作战中的有效武器。

干扰火箭

　　干扰火箭是一种以火箭为动力，携带并投放或抛撒大量干扰物的软杀伤武器。它广泛装备于飞机、舰艇、坦克和地面部队。按所装载的干扰物可分为箔条干扰火箭、红外干扰火箭和诱惑干扰火箭。箔条干扰火箭内装雷达反射材料，如镀铝玻璃丝、铝箔片或镀银尼龙丝等，其长度一般为雷达波长的二分之一，其数量可达几千万根乃至几亿根之多，是专门对付目标雷达的一种干扰方式。红外干扰火箭内装有铝、镁粉及发烟物质混合组成的红外曳光物，是专门对付红外制导导弹的一种干扰火箭。诱惑干扰火箭内装有反射器、龙伯透镜等雷达反射组件，用以欺骗机载雷达、地面火控雷达等。干扰火箭引信一般采用钟表引信和电子定时引信两种，由固体火箭发动机推进，在特定时间和区域内投放。比如，飞机发现自己被敌雷达跟踪或面临地空、空空导弹的威胁，可立即发射干扰火箭，火箭弹在飞机前方爆炸后迅速扩散，形成一片干扰云，飞机穿云而过，干扰物慢慢飘落，掩护飞机逃离险区。如果飞机发射的是诱惑干扰火箭，火箭内便可弹射出一个角反射器，由于这个反射器的雷达反射面积大于载机的雷达反射面积，所以可以吸引敌雷达的注意力，并引导来袭导弹向自己进攻。此时，载机可以加速机动逃离威胁区。

　　舰艇上使用干扰火箭也具有同样的效果。使用远程干扰火箭时，可在本舰远距离设置一些模拟舰艇雷达回波的假目标，使敌雷达真假难辨，造成攻击错误。如果敌导弹距离舰艇很近，则使用近程干扰火箭，在距舰艇几百米处形成箔条云或抛撒红外曳光体，把来袭导弹吸引过去，使自己转危为安。1973年10月第四次中东战争中，埃及和叙利亚向以色列舰艇发射50枚反舰导弹，由于干扰火箭的干扰，无一命中。1991年海湾战争中，美军对伊拉克的导弹基地实施电子干扰，也取得良好的效果。

反步兵地雷

反步兵地雷又称杀伤地雷，是一种埋于地下或布设于地面，通过目标作用或人为操纵起爆的一种对付软目标的爆炸性武器。主要杀伤人员、马匹等有生力量。我国抗日战争中的民兵和地方游击队，曾广泛运用这种武器，与敌人展开地雷战，使具有现代化装备的日军一筹莫展，吃尽苦头。

现在的地雷比起那时自制的土地雷要先进得多了。按杀伤方式不同可分为爆破型和破片型。爆破一般采用压发引信，埋于地下或设置杂草中，通过爆炸后的强大冲击波来杀伤人员等有生力量。破片型多采用绊发、拉发或压、拉联合作用的引信，多置于杂草或树丛中，绊线距地面20厘米左右，长约2~3米，通过爆炸后散发出的破片和钢珠杀伤人员等有生力量。还根据战斗的需要设计出定向爆炸、地面爆炸和跳起爆炸的地雷。此外，还有空投碎片杀伤型地雷，如美军的M83型蝴蝶雷，重约1.72公斤，杀伤半径可达15~20米，破片的最远飞散距离可达150~200米，可采用机械、触发、空炸、定时等多种引信。

反坦克地雷

　　反坦克地雷是用来炸毁坦克、装甲车、步兵战车、装甲汽车、自行火炮等装甲目的的一种地雷。其中分为反履带地雷、反车底地雷、反侧甲地雷等。

　　反履带地雷是用于炸毁坦克履带，破坏负重轮，使坦克丧失机动能力。早在第一次世界大战中，就已经出现重达几十公斤的反履带地雷。第二次世界大战时，德国首先研制出一种便于携带、埋设和伪装的金属壳地雷，重量已减轻到8.6公斤，并加装了反排装置。后来，由于出现了金属探雷器，雷壳材料开始使用木材、油纸塑料等非金属材料，雷的形状也出现了圆形、方形和条形等。战后，这种地雷的重量继续减轻，达到5公斤左右。为避免被炮弹、炸弹和核冲击波所诱爆，还研制了耐爆引信和复次压发引信。同时，还采用了全保险引信和自毁装置，使地雷能够炸伤敌装甲车辆，而不影响己方兵力机动。炸履带地雷只有坦克压上时才能起爆，所以单枚地雷的障碍宽度很小，一般每公里正面需要布设1000～2000枚地雷。

　　反车底地雷是专门炸毁坦克底部装甲的一种地雷。一种是坦克在雷上方通过并碰及触发杆时，地雷才起爆；另一种是坦克无须接触地雷引信，而是由坦克通过雷场时所形成的磁场、红外线、噪声和振动等引发地雷。地雷爆炸后，通过聚能作用，形成高温、高压、高速的金属射流，穿透底装甲，或通过高速金属弹丸的战斗部穿透底装甲。

　　反侧甲地雷是专门用来炸毁坦克侧装甲的一种地雷。主要是通过红外线、激光等引信起爆，并使用聚能装药射流穿透坦克的侧装甲，还能杀伤车内的乘员，毁坏车内设备，使坦克失去战斗力。

坦　克

　　坦克是装有武器和旋转炮塔的履带式装甲车辆，它具有强大的直射火力，高度的越野机动性，很强自装甲防护力，是地面作战的主要突击兵器和装甲兵的基本装备。坦克在20世纪60年代以前，通常是按其重量以及装备的火炮口径的大小，分为轻、中、重型三类。60年代以来，多数国家按坦克的用途分类，将坦克分为主战坦克和特种坦克。主战坦克主要用于与坦克及其他装甲车辆作战，也可用以歼灭、压制反坦克武器，摧毁野战工事，歼灭有生力量。特种坦克主要用于担负专门任务，如侦察、空降、布雷、喷火坦克等。

　　坦克由武器系统、动力系统、防护系统、通信设备、电气设备及其他辅助设备组成。坦克的武器系统包括火炮，机枪，以及火控系统；动力系统，包括动力装置和操纵装置；防护装置包括装甲壳体和各种防护装置；通信设备有无线电台、车内通话器等；电气设备有电源，耗电装置等。

　　坦克是现代战争和科学技术发展的结果。第一次世界大战期间，德国首先向法国进攻，以重兵突破法军防线向巴黎挺进，后在英、法军队的阻挡下，停顿下来。英、法军队发动的几次反攻都以伤亡惨重，而且无进展而终止。双方军队掘壕据守，架设铁丝网、修筑坚固的混凝土工事，布设了大量的机枪火力点，以火炮作为支援火力，互相对峙，战争进入僵局。为了打破僵局，迫切需要一种新式武器。即能大量杀伤敌人，突破堑壕、铁丝网，又能保护自己不受伤害。英国首先投入力量进行武器的研制，利用汽车、拖拉机、枪炮及冶炼技术，试制生产了一种集火力、机动及装甲防护于一体的新式武器——"游民"I型坦克。这种坦克主体呈菱形，履带从顶上绕过车体，车后伸出一对转向轮，配有2门57毫米火炮和4挺机枪。在索姆河大会战中当32辆坦克首次出现在战场上时，德军士兵不知这枪弹打不透的钢铁怪物为何物，以至坦克所到之处德军扔下枪就跑，英军很快突破防线。第一次世界大战期间的坦克火力弱、机动性差、装甲薄，只能做有限的进攻，不能向纵深发展。

第一次世界大战后，西方一些主要国家，根据自己的需要，研制了各国型号的坦克，并在第二次世界大战中把它们投入战场。这一时期的坦克与一次世界大战时期相比，战术性能有了明显提高，坦克自重有了显著增加，出现轻、中、重3种类型的坦克，功率增大，时速加快，装甲明显加厚，机动性能好、越野能力强。这个时期交战双方生产了约30万辆坦克和自行火炮，多次出现数千辆坦克参加的大会战，正面坦克密度高达每公里70～100辆。德军进攻法国就使用了大集群的坦克，突破法军阵线，对英、法联军的主力进行快速地分割包围。德军"闪击"苏联，就曾在苏联边境一次投入几十个师的装甲部队，4000余辆坦克，高速向苏联内地推进。在苏德战场上曾多次出现双方大集群坦克参加的会战。这一时期主要坦克有苏联的J34中型、HC2重型坦克，德国"黑豹""虎"式坦克，美M4中型坦克，英"邱吉尔""步兵"坦克，日本97式坦克等。第二次世界大战中，坦克经受了各种复杂条件下的严峻考验，已成为地面作战的主要突击武器。

20世纪50年代、60年代，世界各国研制并生产了各种型号的坦克。50年代有苏联的T54、T55中型，美M48中型、M103重型和M41轻型，英国"百人队长"中型，中国的59型中型坦克等。60年代，中型坦克的火力和装甲防护超过了以前重型坦克，克服了重型坦克机动性差的弱点，使坦克种类的划分出现了新的特点。坦克不再分轻、中、重型，而只是分为主战和特种坦克。这一时期的坦克，普遍采用高效穿甲弹、火炮稳定器、红外线夜视瞄准器等现代设备、大功率柴油机等大功率动力装置。偏重提高防护性能，同时兼顾机动性能的提高。

现阶段各国的坦克，性能有了显著提高。各国都将现代科学技术在各学科领域取得的成就，广泛应用于坦克的设计制造。现代光学、计算机、自动控制、新材料等，使现代的坦克具有以前坦克所无法比拟的良好性能。

在武器上，多采用高膛压的滑膛炮，口径在105～125毫米间。采用高密度弹芯的穿甲弹，破甲能力大幅度提高，可射穿250～400毫米厚垂直均质钢装甲，装备了计算机系统，提高射击命中率。

在动力上，采用增压柴油机，使坦克时速达到30～55公里，可以越过3米宽的壕沟，越野性能好。采用的装甲多为金属和非金属组成的复合装甲，使坦克的综合防护能力有了显著提高。

以海湾战争为例：1991年海湾战争期间，多国部队共投入3700辆坦克，有美国的M-1型、西德的豹Ⅱ型、英国的伏奇5型和法国的AMX-30等。这些大都是第三代坦克，其特点之一，速度快，行程远，火力猛，装甲防护能力好。美国的M-1型主战坦克，全重53.4吨，最大时速72.4公里，最大行程480公里，最大爬坡度31。该坦克装备的主炮是一门口径为105毫米的线膛炮，发射以钨和贫铀材料为弹芯的整装式尾巢稳定脱壳穿甲弹，弹头初速为1790米／秒，直射距2000米，表现出极强的攻击能力。特点之二，具有夜战能力，采用微光夜视瞄准装置，可实现在烟雾、尘埃和黑暗中瞄准。火控系统由大炮双向稳定器、全解式固状弹道计算机和激光测距仪组成，大大增长了攻击的准确性。特点之三，装甲防护性能良好，车体和炮塔均采用复合装甲，不易为一般炮弹所击穿。而改进型的M1Al坦克采用了贫铀材料装甲，这种材料的密度大约是普通钢密度的1.5倍，几乎任何攻击坦克的弹头都难以射穿。

伊拉克投入的坦克有4000辆。其中有500辆苏制T72型坦克可与多国部队坦克相媲美，被伊拉克人称为巴比伦雄狮。

第三代坦克几乎都具有三防装置，即防原子、防化学、防生物武器能力。驾驶员可以不穿防护服就可以持续作战。这次海湾坦克大会战，参与的坦克数量是空前的，坦克的性能是当今一流水平。经过100小时的地面战斗，多国部队摧毁和缴获伊军坦克4000辆、装甲战车近1900辆。

步兵战车

　　步兵战车是供步兵机动作战所用的装甲战斗车辆，既可以与其他装甲车辆共同战斗，也可独立执行任务。车上除乘员外，可搭载一个步兵班。步兵可以在车上对敌人进行射击，也可以下车战斗。乘员可使用车上配载武器支援步兵的行动。分履带式和轮式两种。机动性强，具有一定的火力和装甲防护力。

　　20世纪50年代，装甲输送车主要作为一种运输工具，运输步兵作战，保护步兵在运动中不受枪弹杀伤。随着现代武器逐渐装备到部队，对装甲车的要求也就提高了。为了能够协同坦克作战，增强对付反坦克武器的能力，许多国家开始研制新型装甲车。

　　法国首先研制并装备了步兵战车。60年代利用AMX—B轻型坦克底盘研制了一种装甲运输车。70年代初用更新型的AMX10P替代了AMX—B型步兵战车。AMX10P型装甲车战斗全重14.2吨，乘员3人，载员8人，车体由铝合金板焊接而成。双人炮塔上装有一门20毫米机关炮，一挺机关枪。车内装有防核生化的防护系统及加热器。装有大功率增加柴油机，最大行程600公里，有两栖作战能力。

　　70年代以来，许多国家的部队都装备了步兵战车。主要型号有联邦德国"黄鼠狼"、法国AMX10P、苏联的BMⅡ和美国的M113等步兵战车。80年代美军又装备了M2步兵战车。

德国"黄鼠狼"步兵战车是北约各国军队中最先装备的机械化步兵战车。该车战斗全重28.2吨，乘员4人，载员6人。最大速度75公里／小时，最大行程520公里，该车不能水陆两用。车体内为装甲钢全焊接结构，前部装甲可防20毫米小口径炮弹，两侧装甲可防12.7毫米机关炮弹。该车主要武器为1门20毫米机关炮及一挺7.62毫米遥控机枪。70年代以后，"黄鼠狼"步兵战车经多次改型，安装夜视瞄准镜，提高射击精度；采用双供弹带，提高射速；同时可携带4枚导弹，打击装甲目标，使步兵战车在机动性、可靠性和装甲性能方面都有了提高。

美国的M2步兵战车是80年代装备的最新型战车。该车全重22.6吨，乘员3人，载员7人。最大速度66公里／小时，最大行程483公里。可浮渡，有两栖作战能力。该车装有一门25毫米链式机关炮，一挺7.62毫米机枪和一具导弹发射架。机关炮采用双向供弹，即可射击空中目标也可打地面目标。该车配有双向机关炮和导弹，具有很强的反坦克能力。车体内部配有多具潜望镜，增强步兵在战车内的作战能力。

自60年代步兵战车问世以来，世界各国都不断把先进科学技术应用到步兵战车上，使其作战性能迅速提高。到目前为止，世界上有能力生产步兵战车的国家共12个以上。至少有34个国家装备了步兵战车，总数在4万辆以上。80年代开始装备部队的苏联BMP2、美国M2、英国MCV80步兵战车代表着现代装甲车的先进水平，标志是采用可大面积杀伤敌人的高水平两用机关炮；载员舱配有多个具有瞄准装置的射击孔；机动性好，能水陆两用。

装甲输送车

　　装甲输送车是具有较好机动性，主要用于输送兵员和物资的轻型装甲车辆。分履带式和轮式两种。

　　装甲输送车由车体、武器、推进系统、通信设备、电信设备和三防装置组成。动力和传动装置通常位于车体前部，后部为密封式乘载室。车尾有较宽车门，多为跳板式，便于载员隐蔽下车。载员舱有射击孔，并配有机枪，自卫能力很强。装甲采用高强度合金钢或铝合金制成。履带式装甲输送车最大时速55～70公里，最大行程300～500公里；轮式最大时速可达100公里，行程1000公里。大多数水陆两用。战斗全重，履带式为10～23.6吨，轮式为4.7～16.4吨。

　　装甲输送车造价低，越野性能好。但火力弱，装甲防护力弱，不便于步兵乘车战斗。步兵战车出现后，有的国家认为战车将取代装甲输送车，多数国家认为两种车的用途不同，应同时发展。现代装甲输送车的主要车型有：

　　美军M113系列装甲输送车。这种车于1960年装备陆军部队，能水陆两用。战斗全重11.2吨，乘员2人，载员11名。主要武器是1挺12.7毫米机枪。最大时速为64.37公里／小时，最大行程321公里。车体为铝合金制，可抗炮弹破片和7.62毫米机枪。美国1964年又对M113进行改进，命名为M113A1，主要提高发动机功率，增大行程。以后美军以M113型为基础，开发新型车辆，分别命名为M113A2、M113A3型。M113A2型装甲车装备了潜外镜和红外望远镜，车内装备了自动灭火系统。车体采用铝合金焊接结构，车体装甲增厚。M113A3型是最新型装甲车，主要改进处有：安装3P-900披挂装甲；车体内部加装"凯夫拉"防弹衬层；采用装甲外置式油箱。

苏联BTP型装甲车。BTP型也是一个系列家族。有BTP60、BTP70和BTP80三种型号，是苏军装备的最新车型。BTP80全重11.5吨，乘员2人，载员8人。车体是焊接结构，车体装甲最大厚度为9毫米，炮塔前部装甲最大厚度为14毫米，可防御步兵武器、地雷及炸弹碎片的攻击。自身配有14.5毫米重机枪和7.62毫米并列机枪。车上还有防空导弹发射支架、自动枪8支、反坦克火箭筒等。

我国于80年代研制并生产了85式装甲车。它具有较高的行驶速度和良好的越野性能，能浮渡，并有一定的自卫和防护能力。该车战斗全重13.6吨，乘员2人，载员13员，发动机功率为320马力，公路最高时速为65公里，最大行程为500公里／小时。装有一挺12.7毫米高平两用机枪。车内备有电台和通话器各一部。该车车体为全封闭钢装甲、桁架结构。车上有7个球形射击孔，每个射击孔上方都有一具观察镜，提高了乘员在车内的战斗力。驾驶员配有红外夜视仪。85式装甲输送车采用了较多的通用零部件，便于管理和维修。为了适应战场上各种用途的需要，中国在85式装甲输送车基础上开发了多种型号的车辆。

装甲指挥车

装甲指挥车是用于指挥作战的、配备多种电台和观察仪器的轻型装甲车辆。通常利用装甲输送车或步兵战车底盘改装，具有与其他型车相同的机动性能和装甲防护力。多数配有机枪。设有能乘坐指挥员、参谋人员和电台操作人员2~8人的指挥室，装有多部不同调试体制的无线电台和接收机，多种观察仪器设备；一套供车内人员通话和对外联络的多功能送话器，在距车2公里范围内使用车内电台。有的车还配有有线遥控系统，辅助发电机和附加帐篷等。主要装备到坦克师和机械化步兵师、团级指挥机构。

装甲侦察车

装甲侦察车是装有侦察设备的装甲战斗车辆。主要用于战术侦察。车上装有多种侦察仪器和设备，如大倍率的电学潜望镜，用于在能见度良好的昼间进行观察，红外夜视观察镜、微光瞄准镜热像仪等，用于夜间观察。有的装有全天候侦察雷达。车上有较完善的通信设备，可及时将侦察的情况上报指挥机关。

装甲侦察车外廓尺寸小、重量轻、速度快，具有高度的机动性和一定的火力和防护力。分履带式和轮式两种。主要装备到机械化步队的侦察分队。

扫雷坦克

扫雷坦克是装有扫雷装置的坦克。用于在地雷场中为坦克开辟通路。扫雷装置根据实际情况，在战前临时挂装。扫雷坦克一般在战斗队形内边扫雷边战斗。

扫雷装置通常有机械扫雷器和爆发扫雷器两种。机械扫雷器按工作原理分为滚压式、挖掘式和打击式3种。滚压式扫雷器利用钢质辊轮的重量压爆地雷，重7～10吨。挖掘式扫雷器利用带齿的犁刀将地雷挖出并排到车辙以外，重1.1～2吨。打击式扫雷器利用运动机件拍打地面，使地雷爆炸。滚压式和挖掘式开辟车辙式通路。打击式开辟全通路。

　　爆破扫雷器利用爆炸装药的爆轰波诱爆式炸毁地雷，开辟全通路。通常由火箭拖带爆炸火药落入雷场爆炸，引爆或炸毁地雷，开辟通路，装药400～1000公斤，火箭射程200～400米，一般情况下，30秒可扫雷宽度5～7.3米，开辟通路纵深60～180米。

航空火箭

　　航空火箭是装备在歼击机和强击机上用以消灭空中和地面目标，以火箭发动机为动力的非制导弹药。亦称航空火箭弹。它由弹头、动力装置和稳定装置三部分组成。

　　航空火箭有空对空火箭、空对地火箭，以及空空、地空两用火箭。航空火箭的射程一般为7～10公里。空对空火箭是用于空中战机间格斗用的。由于空空火箭命中概率低，在空战中使用的已越来越少，而空对空导弹使用的越来越多，替代了空空火箭。空空火箭主要用于攻击距离在1000米以内，速度低于750公里／小时的飞机。空对地火箭主要用于攻击地面的坦克等装甲车辆。到了80年代，航空火箭已开发研制出多种型号。由于使用火箭箭头的战斗部不同，火箭的功能也就不同。除杀伤、破甲等弹头外，还使用烟幕、照明等特殊用途的弹头。

　　火箭最早是由中国人发明的。随着贸易的发展，在13世纪被阿拉伯人带入欧洲，并在欧洲得到了发展。在公元8世纪末，中国发明了火箭，并把它用于军事上的攻城和守御战中。最初的火箭，是在箭头上附着油脂、硫黄、棉花之类燃烧物质的火药团，点燃引信发射出去。这种火箭实际上是一种燃烧武器，用来引燃城门，房屋等，是一种原始意义的火箭。到宋元之际，出现了一种利用火药燃烧时喷射气体产生的反作用力而把箭头射向敌方的火药箭。到了明代，又有了采用火药分隔开，两次引燃，空中加力的火箭，这实际上是二级火箭的雏形。这些火箭在当时都是世界上最先进的。明代以后，中国的科技原地踏步，而西方经过第一次工业革命后，科技飞速发展。到了20世纪初叶，火箭作为一种成型的武器被用于战争。在第一次世界大战中，法军首次使用空对空火箭攻击德军的侦察气球，取得了显著的效果。第二次世界大战中，美、英、苏、德等国的飞机大量装备航空火箭，用以攻击空中目标。战后，各种现代高科技被应用到火箭上，使火箭无论是在结构上还是在性能上都有很大提高，成为一种具有威慑力的航空武器。

炸 药

炸药是一种能在受到冲击、摩擦和热等外力作用时，在瞬间发生急剧的化学变化，并随之产生大量的热和气体的，能引起自身爆轰的物质。

爆轰是炸药中化学物质反应区的传播速度大于炸药中声速时的爆炸现象，是炸药典型的能量释放形式。炸药爆炸的基本特性是，反应速度极快，在瞬间爆炸，形成高温高压气体，使周围的空气、物体受到强烈的冲击、压缩而变形或碎裂。1公斤常用炸药爆炸后，放出热量可达400

~1500千卡，其爆温可达1500~4500度，爆压达到5~30万公斤／平方厘米。

炸药由于其巨大的破坏力，在军事和民用上都有着广泛的用途。炸药可用作炮弹、航空炸弹、导弹、地雷、鱼雷、手榴弹等弹药的爆炸装药，也可用于核弹的引爆和军事上的爆破。在民用上可广泛用于矿山的开发、工程爆破、金属加工，以及金属探查等科学技术领域。

炸药按用途可分为起爆药、破坏药和火药2类。炸药的性能的表示方法，是用爆热、爆容、爆速和爆压表示。爆热是单位质量炸药爆炸时产生的热量。爆容是单位质量炸药爆炸时产生的气体量。爆速是炸药从引燃到爆炸的速度，多在千分之一或几百分之一秒。爆压是指炸药爆炸时爆轰波阵面的压力。可用实验的方式测定。炸药爆炸后，对与其接触物质的粉碎能力，称为猛度。炸药的猛度是由炸药的爆速、爆压，以及装药的密度决定的。

目前，单体炸药，如梯恩梯、特屈儿、黑索今、奥克托儿、太安等，已不能满足实际应用的需要，于是研制出很多种类的混合炸药。比较重要的军事混合炸药有黑梯炸药、奥克托、塑料黏结炸药、塑性炸药、铵梯炸药、燃料空气炸药6种。黑梯炸药是由黑索今与梯恩梯混合而成，是一种常用的炸药，广泛应用于各类弹药。奥克托儿是奥克托今与梯恩梯混合组成，具有较高的威力。塑料黏结炸药是一种新型的混合炸药，可用于导弹战斗部装药、破甲弹装药，以及地震探查、爆炸加工等方面。燃料空气炸药与其他炸药不同，它的爆炸反应离不开空气中的氧。它是将燃料爆炸分散于空气中，形成云雾状分散体，经第二次引爆而爆轰，可产生大面积破坏杀伤效应，这类炸药在20世纪70年代才开始应用到实践中去。

历史最早的炸药—黑药，就是一种混合炸药。这种药在弹丸中一直使用到19世纪。后来，随着有机化学的发展，为炸药原料的来源和合成及制备提供了条件。人们用合成的方法制出含碳、氢、氧的单质炸药。

1771年，英国人沃尔夫合成了苦味酸，开始是用作黄色染料，以后法国人把它作为炸药装填炮弹，才在弹药上得到应用推广，称为黄色炸药。1863年，威尔勃兰德第一次制得了梯恩梯，后来发现梯恩梯既有良好的爆炸性能，又比较安全，20世纪初开始用它作为炮弹装药，并逐渐取代了苦味酸。由于单质炸药的能量高、破坏力大；黑药与之相比就相形见绌多了。于是，各列强竞相寻求新的单质炸药。很快，在军用炸药方面，梯恩梯就独占了鳌头。

第一次世界大战时期，交战国各方曾经使用了二硝基苯、二硝基萘、三硝茎二甲苯等代替部分梯恩梯，以弥补炸药来源之不足；并在作战时使用了梯恩梯与硝酸铵的混合物等。

第二次世界大战时，虽然梯恩梯仍是主要军用炸药，但情况也发生了变化。为了对付战场上肆无忌惮、横冲直撞的装甲怪物，人们希望能有一种能量更高的炸药，于是一些爆速更高的新型单质炸药问世了。但是也发现这些高能炸药有一个共同的弱点，就是随着能量的增加，敏感度也相应增加。这就像砖垛，码的越高，稳定性越差，越容易倾倒一样，所以在弹丸中单独使用它很不安全。为此，人们又重新采用了混合的路线。在高能炸药中，采用最多的是黑索今，它不仅爆速比梯恩梯高1500米／秒，威力强50%以上，更重要的是安定性好，生产简单。价格便宜。添加剂的种类则较多，因多是能量较低的物质，所以混合后能量有所降低。但仍比梯思梯高得多。而且随着新型合成材料的出现工艺水平的提高，今后还会出现威力更大、敏感度更小、物理机械性能更好的新型混合炸药和更新的单质炸药供武器使用。现代战争对弹药本身的安全性提出了越来越严格的要求。为此，寻求高威力、低感度的炸药，已成为炸药研制的重要方向。

加入氧化剂、可燃剂、钝感剂和黏合剂。它们的混合方法有多种，可以是机械混合、亦可以吸附、黏合等湿法混合。现阶段所用的雷汞、硫化锑、氯酸钾等都是混合击发药，不是单一的起爆药组成的。

舰　艇

舰艇是指装有武器并在海洋上进行作战活动和勤务保障的海军军用船只。是海军的主要装备。军用舰艇被认为是国家领土的一部分，在外国领海和内水中航行或停泊时，享有外交特权与豁免。根据任务不同，舰艇通常区分为战斗舰艇和勤务舰艇两大类。

战斗舰艇是一种具有直接作战能力的舰艇，用于海上突击作战，进行战略核突击，保护己方或破坏敌方的海上交通线，进行封锁反封锁，支援登陆抗登陆等战斗行动。又分为水面舰和潜艇两种：水面舰艇包括航空母舰、战列舰、巡洋舰、驱逐舰、护卫舰、护卫艇、鱼雷艇、导弹艇、猎潜艇、布雷舰、反水雷舰艇和登陆舰艇等。潜艇包括战略导弹潜艇和攻击潜艇。水面舰艇中，标准排水量在500吨以上的通常称为舰；500吨以下的，通常称为艇。潜艇则不论排水量大小，统称为艇。

勤务舰船也称辅助舰或军辅船，用于海上战斗保障、技术保障和后勤保障等勤务。主要有侦察船、通信船、海道测量船、海洋调查船、防险救生船、工程船、破冰船、试验船、训练舰船、供应舰船、运输舰船、修理船、医院船、基地勤务船等。此类船，船体多为排水型，钢材结构，采用柴油机或蒸汽轮机动力装置。满载排水量，小的只有几十吨，大的达数万吨。航速30节以下。

舰艇的发展已有300多年的历史。随着海上战争的出现，舟船开始用于战争，逐渐发展成为各种专用战船。古代战船大致可分为桨帆战船和风帆战船两个阶段。早期的战船是桨帆船。中国和地中海国家首先用桨帆船。公元前11世纪，周武王伐纣时就曾使用过舟船运兵渡河。公元前770年~476年，中国就有了战船，那时称为"大翼""中翼""小翼"、"突冒"等。西汉时期出现了用于冲锋的"先登"和用于快速攻击的"艨艟"，以及用于近战的"斗舰"，用于侦察的"斥候"，轻型战船"赤马"等。到公元220~265年的三国时期，仅吴国水师就有战舰5000艘，大型楼船起楼5层，可载士卒3000人。到公元10世纪初，中国战船开始装备火器。到公元11世纪，中国发明的指南针开始装上战船。公元1274~1281年元代的水军战船已装上了铁火炮。

桨船为平底木船，靠人力划桨前进，航速较低，只适合于在内河、湖泊和沿岸海区活动。公元15世纪出现了适于远洋的风帆战船。风帆战船以风力为主要动力，船体也是木质，但结构较坚固，吨位大，船型狭长，船舷高，航海性较好。公元1371~1435年，明朝郑和7次下西洋，所用"宝船"长约137米，宽约56米，有9桅12帆，是当时世界上最强大的风帆战船。1488年以后，英国才建造成功装有火炮的4桅战船和排水量1000吨的战船。1797年，美国造的风帆战船已达1576吨，可装44门火炮。总之，18世纪以来。风帆船有了迅速发展，最大的排水量已达6000吨，可装大、小口径火炮100门，出现了战列舰、巡洋舰等舰船，比早期的桨帆船有了飞跃发展。

19世纪初，蒸汽机的发明和使用。使舰船动力发生了一次革命性的变化。后来螺旋桨装配到船上，使舰船的航速从几节一下子提高十几节。同时，舰炮也从滑膛炮过渡到线膛炮，从发射圆球实心弹过渡到发射圆锥形爆炸弹。火炮威力、数量和射程的提高，使舰艇的防护力增强，迫使大型军舰采取装甲防护，出现了装甲舰。19世纪后半叶，船体材料逐步由钢材取代木材。鱼雷的出现又迫使大型军舰采取水下防护措施。第一次世界大战期间，英、法、俄、意、奥、德等国已有战列舰、战列巡洋舰、巡洋舰、驱逐舰和潜艇共1000余艘，在战争中显示了强大的威力。第二次世界大战中，军舰普遍装备了雷达、声呐、通信、导航等电子设备，航空母舰占据了海战的主导地位，形成了海面、海岸、海空、水下立体战的现代海战规模。战后，随着科学技术和造船业的迅速发展，舰艇的发展又进入了一个新阶段。60年代出现了导弹巡洋舰、导弹驱逐舰、战略导弹核潜艇、核动力航空母舰，以及卫星观察通信设备。大大提高了舰艇的战术技术性能。

护卫舰

护卫舰是以水中武器、舰炮、导弹为主要武器的轻型军舰。主要用于反潜护航，也用于侦察、警戒、支援登陆和保障陆军濒海翼侧的轻型军舰。第一次世界大战期间，德国实行无限制的潜艇战，以潜艇破坏海上交通线和封锁港口、基地，极大地威胁着协约国海上通道的安全。各国为满足反潜护航的需要，相继建造了护卫舰，最初称护航舰。护卫舰得到了广泛应用。在第二次世界大战中，德国重施故技，仍然以潜艇作为主要的海上作战舰只。在最初海战中，德国的潜艇大开杀戒，每天都击沉几艘同盟国的舰只，使同盟国的海上运输陷入困境。大英帝国这支狮子也食不果腹，出现了危急状态。为保卫海上交通线，护卫舰被大量应用于船队的护航上。为提高护航舰的反潜作战能力，还装备了声呐等设备。扼住了潜艇袭船的狂潮，粉碎了德国的潜艇战。护卫舰在第二次世界大战中，还被广泛应用于海上编队作战和两栖登陆作战中。

早期护卫舰的满载排水量仅为240吨～400吨。第二次世界大战中的护卫舰满载排水量亦仅800～1300吨，航速12～20节，装备76～127毫米舰炮2～3门，20～40毫米高射机关炮8～10门，还有深水炸弹和鱼雷，并装备有声呐和雷达。20世纪70年代以来，护卫舰的突出变化是装备了导弹。导弹护卫舰装备了舰舰、舰潜和舰空导弹，还装备有76～

130毫米高平两用舰炮1~4门，20~40毫米自动高射炮10门左右，还有鱼雷、深水炸弹和干扰火箭，并装备有性能良好的声呐和雷达。多数护卫舰配有1~2架直升机。其满载排水量已增大到2000~4000吨，有的已达5000吨以上，航速30~35节，续航力5000~6000海里。现代护卫舰随着战斗力的明显提高，自动化程度也显著提高，能兼负驱逐舰的任务，成为有发展前途的舰种之一。

瑞典的哥德堡级护卫舰是最新小型护卫舰的代表。1986年开工建造，计划建造4艘，现在已陆续投入使用。

哥德堡级护卫舰采用喷水推进装置，舰长57米、宽8米、吃水2米，满载排水量为399吨，可以说是世界上最小的护卫舰之一。然而该舰却采用了当今舰艇设计建造方面的许多先进技术。该舰设计为园舺型舰型，适合在波涛汹涌的波罗的海航行。整个舰体使用高强度钢建成，舰体为全焊接钢结构，采用纵向构架，具有较强的抗外部破坏作用。

该级舰在增加舰艇的隐身性方面也做出了努力，除舰体自身的尺寸减小，使目标显示特征减小外，在外形设计上还尽量避免采用90度的垂直面，而是使之略微倾斜，有一定坡度，这在一定程度上降低了雷达反射面积。由于采用了水下排气方式，舰艇的红外特征也有所减少。为降低振动和噪声，该舰的主机、齿轮箱等都采用了弹性安装法。由于使用喷水装置，还有效地减少了推进系统的声音。

哥德堡级护卫舰在设计时对三防问题和防火问题给予了特别的关注。舰内划分为若干个防原子、防生物、防化学武器的密闭区和防火区，设有喷淋/泡沫喷射装置，供三防和消防之用。舱内还设有防水隔壁，在相邻室进水损坏的情况下，可确保舰艇不致倾覆。全舰艇的操纵系统，武器系统、机械控制系统、自动化程度很高，大大地节省了人力。全舰人员不足40人。武器控制系统可对来袭的导弹进行自动探测和跟踪，发出报警信号，进而使全舰进入全面戒备或最佳反击状态。

该舰具有良好的反舰、防空及反潜能力，装备了多种武器及各种电子仪器。在左右舷装备了4座双联装舰对舰导弹发射筒，采用主动雷达制导，可攻击70公里以内的海上目标；该发射筒亦可装填4枚鱼雷，用于攻击水面舰艇，攻击半径为15公里，航速为45节。在舰艇的前甲板上装有一门57毫米博福斯火炮，可用于对付17公里外的来袭目标；在后甲板上安装有一门40毫米博福斯火炮，可用于攻击12.5公里内的较近目标。在舰艇的右舷设有4个400毫米反潜鱼雷发射管，首尾各2个。此外，还装有2个深水炸弹投掷器，投掷距离为300米。为承接水雷的布放任务，舰舷两侧舷梯旁各设有一个水雷滑轨。

舰上的电子方面的主要设备有，在桅杆顶部装有一部对空、对海搜索雷达和一部导航雷达；在舰尾装有主动搜索潜艇的可变深度声呐，还有一部舰索声呐。先进配套的武器系统和电子设备构成了该舰的攻防体系，使它具备了很强的作战能力。

航空母舰

航空母舰是以舰载机为主要武器，并作为舰载机编队海上活动基地的大型军舰。按吨位分，有大、中、小3种；按任务和舰载机性能分，有攻击、反潜、护航和多用途航母；按动力区分有核动力和常规动力航空母舰。主要用于攻击敌水面舰艇、潜艇和运输船，袭击海岸设施和陆上目标，夺取作战海区的制空权和制海权。航空母舰的排水量一般在3万～9.5万吨，航速25～35节，续航力常规动力航母通常为5000～14000海里。核动力航空母舰可达40万海里，装有舰空和舰潜导弹，有的还配有反潜直升机。

航空母舰具有供飞机起落的甲板。飞行甲板上有用于缩短飞机起飞距离的弹射器，以及用于飞机降落的阻拦装置，有供飞机进出机库的升降机，有飞机充电、加油、挂弹等设备。有完善的通信、导航和指挥控制系统，有各种舱室，包括舰员的生活舱、存贮弹药、燃料、淡水等的各种舱室。舰体装有防护装甲，船体内部有5~10层甲板和15~25道水密横舱壁结构，在水线以下有3~5层纵舱壁和多层横舱壁，构成水下防护区。

　　航空母舰由于装载大量的战斗飞机，具有巨大的攻击力。现代大型航空母舰的排水量为6~9万吨，载机量70~120架；中型航母排水量为3~6万吨，可载几十架作战飞机；小型航母排水量在3万吨以下，载直升机和垂直短距起落战斗机50架以内。还装备有防空、防潜导弹、航空导弹和各种口径的火炮。现代航空母舰能对其周围1000公里范围内的各种目标进行攻击，堪称海上活动基地。但是，航母也有自身无法克服的弱点，它目标大，造价高，在海战中是敌人首要攻击的目标。再加上舰上载运大量飞机、航空汽油和燃油，遭到攻击时容易引起火灾和爆炸。由于航母的重要战略地位及其存在的弱点，各国在战争中常常以航母为中心编队，形成强大的海上攻击力量。

　　1991年，美国在海湾战争中动用了9艘航空母舰，其中"艾森豪威尔"号和"罗斯福"号为核动力航母。其航母编队攻防系统十分严密。由F—14A"雄猫"战斗机、F／A—18A"大黄蜂"战斗攻击机、E—2C"鹰眼"预警机、EA—6B"徘徊者"电子战机和S—3A"海盗"反潜机，距航空母舰200海里区域上空形成轮形阵的外圈，构成航空母舰编队的第一道攻防线。由A—6E"入侵者"中型攻击机、A—7E"海盗"轻型攻击机和F—18战斗攻击机一起，在距航空母舰150海里的区域上空执行任务，形成轮形阵的内圈，构成航空母舰编队的第二道攻防线。由护航舰艇的探测设备和中程对空导弹、对海导弹以及火炮、舰载直升机，还有各种反潜武器等，构成50~100海里区域内的对空、对海、反潜的第三道攻防线，以击毁第二道防线漏网的飞机、导弹和舰艇。由护航舰和航空母舰上装的近程武器系统、电子对抗和诱饵等设备，构成了第四道攻防线，以歼灭第三道防线漏网的导弹和飞机。

美国航空母舰的这种编队具有极强的纵深攻防能力。它以航空母舰为中心，能覆盖半径为200海里的半球状区域。这种大范围的监视和通讯，加上军事卫星、陆上固定翼反潜警戒机、超视距雷达和水下固定声呐阵等的支援，无论任何敌对的飞机、导弹或舰艇要突破这四道防线是极为困难的。可以保证航空母舰编队控制海洋和支援登陆作战。

鱼雷艇

鱼雷艇是以鱼雷为武器的小型高速水面战斗舰艇。主要用于近岸海区与其他兵力协同作战，以编队对敌大、中型水面舰船实施鱼雷攻击，也可用于反潜和布雷等。

鱼雷艇的历史已有120多年。1877年英国最先研制成功"闪电"号鱼雷艇。随后意大利、法国、俄国也建造了鱼雷艇。第一次世界大战期间，鱼雷艇有了迅速发展。当时的鱼雷艇主要有两种：一种是50多米长、200~300吨的、大型3~4管鱼雷艇；另一种是10多米长、40~50吨的、由母舰运载的袖珍型单管鱼雷艇。第二次世界大战期间，德国研制了性能较先进的S艇系列，美国也建造了有名的PT艇。苏联到1941年已拥有270艘鱼雷艇，二战结束时增加到485艘。

20世纪60年代初，鱼雷艇无论在数量上还是技术性能上，都有了突飞猛进的发展，而且更新换代也较快。1951~1957年，苏联建造第一代P4级两管鱼雷艇170余艘，差不多同期又建造第二代P6级鱼雷艇800多艘。1950年7月1日，朝鲜人民军以4艘鱼雷艇出击美军重巡洋舰编队。一举击沉舰队骨干重巡洋舰"芝加哥"号，击伤一艘驱逐舰。中国海军鱼雷艇队也曾多次参加战斗，先后击沉国民党海军"太平"号护卫舰和"洞庭"号、"永昌"号炮舰等多艘军舰，为保卫海疆立了战功。

鱼雷艇结构简单，易于操作，体积小，航速高，机动灵活，隐蔽性好，攻击威力大，但适航性差，活动半径小，自卫能力弱。60年代以来，由于导弹的装艇使用、电子探测和干扰技术的不断发展，以及直升机的装舰，原有的潜艇已不适应。现代的鱼雷艇主要有3种类型，即滑行型、半滑行型和水翼型，向着新艇型、新武备、大型、高速化方向发展。一般的吨位由 100～200 吨增加至 300～400 吨，装备更加精良，除自导鱼雷外，还装有导弹。如 100～450 吨级的新型导弹鱼雷艇，除装224枚鱼雷外，还装 4～8 枚反舰导弹。质量提高，数量减少。北约国家在 1971～1984 年间不仅停缓发展，还淘汰了 154 艘鱼雷艇。苏联在 1945年有 485 艘鱼雷艇，到 1984 年仅剩下 47 艘。总的看，由于鱼雷艇造价低廉、建造容易，使用方便，加之质量不断提高，仍将受到各国的重视。

导弹艇

导弹艇是以舰艇巡航导弹为主要武器的小型高速水面战斗舰艇。导弹艇满载排水量10吨～300吨，大型导弹艇可达500吨，航速30～40节，水翼导弹艇为50节左右。导弹艇一般装备导弹 2～8 枚，同时装有单管或多管舰炮 1～2 门，有的还装备有鱼雷、水雷、深水炸弹或航空导弹。导弹艇有搜索探测、通信、导航、电子战和以计算机为中心的作战指挥系统。导弹艇多用高速柴油机，有的采用燃气轮机或燃气轮机—柴油机联合动力装置。导弹艇主要用于近海作战。在其他兵力的协同下，以编队或单艇对敌水面舰船进行导弹攻击。导弹艇吨位小、航速高、机动性好、威力大，是保卫近海海域的有效武器，可对进入近海水域的敌方舰船进行毁灭性打击。但导弹艇适航性差，续航力较小，自卫能力较弱，尤其是容易遭受空中飞机的攻击。

苏联首开小艇装载导弹的先例。50年代末，苏联将"P6"鱼雷艇改装成"蚊子"级导弹艇，并装备了"冥河"舰舰导弹。随后，苏联将导弹艇出卖给埃及。在1967年第三次中东战争中，埃以双方争夺亚喀巴湾的战斗中，埃及出动"蚊子"级导弹艇进攻以色列军舰，一举击沉了以色列的"埃拉特"号驱逐舰。1973年10月6日，在第四次中东战争中，埃以双方的导弹艇又在海上相遇，几乎是同时发现对方的，埃及的"蚊子"级导弹艇急忙掉头、列队，准备发射导弹。因为"蚊子"级导弹艇的导弹发射架是固定的，只能对准目标才能发射。而以色列研制的"萨尔"级导弹艇，使用的则是活动式的导弹发射架，不需掉头就可直接发射。在埃及导弹艇忙于掉头发射时，以色列导弹艇抢先一步发射导弹，击毁了埃及的导弹艇。同时以色列的导弹艇使用电子干扰技术，使埃及发射的十几枚"冥河"导弹无一命中目标。这场战斗首开了导弹艇击沉导弹艇的战例。几次海战经验引起了各国海军对导弹艇的重视，竞相发展。到了80年代初，世界上40多个国家共拥有750多艘各型导弹艇。在现代条件下，随着科学技术的进步，导弹艇将有广阔的发展前景。

中国的海军在建军不久，也开始逐步装备导弹艇。目前，中国海军装备的导弹快艇的数量是全世界最多的，超过了苏联等海军大国。美国和英国至今尚没有装备快艇。随着我国海军装备的更新，大量的高科技被应用于导弹艇上，今后的导弹艇将成为集高科技于一身的、先进的水上"轻型坦克"。

猎潜艇

　　猎潜艇是以反潜武器为主要装备的小型水面战斗舰艇。用于搜索和攻击敌潜艇，以及巡逻、警戒和布雷等。满载排水量通常不超过500吨，航速在24～38节之间，水翼猎潜艇可达50节以上。续航力在1000～3000海里，在7级海况下能够进行正常的航行。现代的猎潜艇装备有对潜搜索器材（包括性能良好的声呐、雷达），用于攻击正在潜行的潜艇反潜鱼雷、多管火箭式深水炸弹发射装置、2座多种反潜武器和中、小口径舰炮数门，有的还装备有航空导弹。猎潜艇航速较高，搜索和攻击潜艇的能力很强，但适航性差，适于在近海以编队形式与潜艇作战。

　　猎潜艇最早出现于第一次世界大战期间。德国在战争期间进行无限制的潜艇战，对英、美等国家在大西洋的交通线构成严重威胁。英、美等国采用轻型舰只进行搜索和攻击潜艇。最初的猎潜艇没有声呐、雷达，只有深水炸弹和舰炮，对下潜不深或已经浮出水面的潜艇施放深水炸弹和用舰炮进行攻击。第二次世界大战期间，猎潜艇有了很大发展，出现了装备有声呐和指挥仪、深水炸弹发射器、深水炸弹发射炮等多种反潜武器的新型猎潜艇。排水量也由百吨左右，增加到300吨左右。战后，许多新式的武器被装备于猎潜艇上，其机动性能和搜索、攻击潜艇的效能大为提高。60年代苏联建造的猎潜艇，满载排水量215吨，最大航速28节，装有5管火箭式深水炸弹发射器4座，深水炸弹滚架2个。美国、加拿大等国也装备了类似的猎潜艇。

　　今后猎潜艇的发展，将提高航速和机动性能，装备先进的声呐、雷达，进一步发展喷水推进系统，普遍装备自动化作战指挥系统，继续增大排水量。一些国家正在研制能搭载小型反潜直升机的猎潜艇。

驱逐舰

驱逐舰是一种以导弹、火炮、鱼雷等为主要武器，具有多种较强作战能力的中型水面舰艇。它实施对舰、对空和反潜作战，有的还配有反潜直升机。除担负舰艇编队和运输船队的护航以及支援登陆作战的任务外，还担负侦察、巡逻、警戒、布雷和对陆上目标进行火力袭击等多种任务。

19世纪末，各国海军都是以"巨舰大炮"编成的舰队，但在鱼雷艇的攻击下却显得手忙脚乱，摆布不开。为了对付这种小吨位、航速高、威力大的战斗小艇，就必须有相应的战舰。大型的战舰目标大，航速低。机动性差，很难与鱼雷艇周旋。1892年，英国人提出建造一种吨位小、战斗力强、速度快，能对付鱼雷艇的战舰。并于1893年建造了这种战舰。英国建造的驱逐舰航速为27节，排水量为240吨，装备有中等口径舰炮数门和鱼雷发射装置。以后，世界各国海军也相继装备了驱逐舰。第一次世界大战前，英、俄、德、法、美、日等国装备了大量的驱逐舰，其中英国居首位，大约有200艘。这些驱逐舰无论是在航速上、装备和吨位上，都要比最初的驱逐舰大得多。满载排水量普遍都在1000～1300吨，航速30～37节。不再采用燃煤的动力装置，而是采用燃油的蒸汽轮机动力装置。配备有88～102毫米舰炮数门和鱼雷发射装置2～3座。第一次世界大战后，美国开始建造大型驱逐舰—驱逐领舰，并装备到舰队中去。以后许多国家也建造驱逐领舰。到了20世纪60年代，这种战舰已不适应现代海军的发展，被淘汰。

70年代以后，各种高科技技术被应用到战舰上，先进的电子计算机系统、电子系统，使驱逐舰具有了更高的战斗力，更好的适航性。1991年海湾战争期间，多国部队部署在海湾地区的驱逐舰有十多艘，多是当代一流装备的驱逐舰。如美国的"斯普鲁恩斯"号导弹驱逐舰，该舰属美国"斯普鲁恩斯"级驱逐舰，1975年加入现役，其轻排水量为5770吨，满载排水量为8040吨，舰长171.7米，宽16.8米，吃水8.8米，航速33节，续航力6000海里。该舰装备有4联装"鱼叉"舰对舰导弹发射架2部，8联装"海麻雀"舰对空导弹发射架1部，127毫米口径54倍身长火炮2门，近程武器系统6管20毫米口径76倍身长火炮2门有"阿斯洛克"反潜火箭发射器1部，反鱼雷发射管6个，直升机2架。同时，装备有SPS—40A型对空警戒雷达，SPS—50型对海警戒雷达，SPG—60型炮瞄雷达、SLQ—32和SQS—53型声呐。该舰编制人员296人。

"约克"号驱逐舰，属英国"谢菲尔德"级驱逐舰，1982年加入现役。该舰排水量4100吨，舰长157米，舰宽15.5米，吃水5.8米，56000马力，航速18节，续航力4500海里。主要武器装备有：双联装"海标枪"导弹发射架1部，144毫米口径55倍身长火炮1门，30毫米口径75倍身长火炮4门。反潜鱼雷发射管6个，直升机1架。该舰编制人数312人。

巡洋舰

巡洋舰是一种主要在远洋活动、具有多种作战能力的大型军舰。是海军战斗舰艇的主要舰种之一。排水量在6000～20000吨，航速30～35节。装备有多门大、中口径的火炮，以及反潜武器等，能在恶劣气象条件下，进行远洋机动作战。火力较强，续航力较大，适航性和操纵性好。通常由数艘组成编队，或参加航空母舰编队担任翼侧掩护，攻击敌舰船，反潜和压制岸上目标，支援登陆作战，或掩护己方舰艇扫雷或布雷，以及防空、反潜、警戒、巡逻等等。

在15、16世纪，巡洋舰是指那些舰炮较少，速度较快，用于巡逻、警戒的快速炮船。至19世纪才出现现代意义上的巡洋舰。到了20世纪初，出现了以燃油为动力的快速巡洋舰，代替了19世纪的燃煤的巡洋舰。这一时期的巡洋舰排水量多在几千吨，航速在20～30节，装备有大口径舰炮。在第一次世界大战期间，拥有大量巡洋舰的英、德两国舰队，在丹麦的日德兰海域进行了一场海上决战。1916年6月初，德国公海舰队的前卫舰队，拥有十几艘巡洋舰和几艘驱逐舰的编队，与英海军舰队的前卫舰队，拥有19艘巡洋舰的51艘的舰队相遇。双方展开激战。随后，双方舰队的主力赶来参战，200多艘战舰在日德兰海域互相追逐，炮声隆隆。双方都有多艘战舰被击沉。这说明，这时期的巡洋舰已具备压制敌驱逐舰，引导和支援己方海上兵力进行作战的能力。此外，战争期间还有用商船改装的巡洋舰，装备一定数量的武器，用于巡逻、反潜、护航。

第二次世界大战时期的巡洋舰，仍以大吨位，大口径炮为特点，与战列舰一起称雄于海上。主要有3种类型：一是重型巡洋舰，排水量2～4万吨，航速32～34节，续航能力1万海里以上，能与战列舰、航空母舰编队在远洋协同作战。二是轻巡洋舰，排水量1万吨左右，航速35节，续航能力1万海里，具有与其他大型舰艇远洋作战的能力。三是辅助巡洋舰，是用快速商船和辅助舰只改装而成的，排水量几千吨，航速20节。

战后，随着核动、导弹武器和电子装备的大量装舰使用，巡洋舰的发展出现了新的情况，即不再追求大口径舰炮和过高的航速，而是在武器和电子装备上下功夫。

其中，以美国为首的一派主张，巡洋舰以护卫、巡逻、警戒为主，重点发展为航母护航的防空型巡洋舰。战后美国建造的8级巡洋舰中，有5级采用了核动力。为了提高编队的区域防空能力，还专门发展了一种非常著名的"提康德罗加"级巡洋舰，普遍装备了"战斧"式巡航导弹。1991年美国参加海湾战争的"提康德罗加"级巡洋舰就有："提康德罗加"号、"普林斯顿"号、"张伯伦"号（隶属"突击者"号航母编队）、"圣哈辛托"号、"盖茨"号、"莫比尔湾"号（隶属"中途岛"号航母编队）、"菲律宾海"号（隶属"萨拉托加"号航母编队）。其中"提康德罗加"号导弹巡洋舰是1983年加入现役的。该舰标准排水量9600吨，舰长171.7米，宽16.8米，吃水9.5米，8万马力，航速33节，续航力6000海里。装备有"标准"导弹发射架2部，双联装"阿斯洛克"反潜火箭发射装置2部，6联装"鱼叉"舰舰导弹发射架2部，127毫米口径54倍身长火炮1门，6管20毫米口径76倍身长火炮2门，反潜鱼雷发射管6部，直升机2架。装备SPY—1A型通用雷达、SPQ—49型对空搜索雷达、SPS—55型对海搜索雷达、SPS—9型炮瞄雷达、SQS—53和SQR—19型声呐。舰上定员360人。而大部分该级舰都配置了30枚以上"战斧"导弹，被称为"纵深攻击巡洋舰"。

以苏联为首的一派认为，发展巡洋舰的目的不是为大舰护航，主要是以其形成海上编队，进行攻防作战。所以，苏联建造的"基洛夫"级核动力导弹巡洋舰，是世界上最大的巡洋舰，排水量2.8万吨，它也是世界上第一艘采用导弹垂直发射装置的舰艇。该舰装有250多枚防空、反舰和反潜导弹，还可携2架直升机，成为世界上火力最猛的巡洋舰。

以西方其他国家和第三世界国家为主的一派认为，巡洋舰、驱逐舰和护卫队的舰体、装备、动力大体相同，没有必要发展一型巡洋舰，主张用驱逐舰和护卫舰代替巡洋舰。

战列舰

战列舰亦称战斗舰，是以大口径舰炮为主要武器，具有很强的装甲防护和较强的突击威力，能在远洋作战的大型水面军舰。战列舰在历史上曾作为舰队的主力舰，在海战中通常是由多艘战列舰列成单纵队进行炮战。"战列舰"由此得名。

战列舰的发展，经历了风帆战列舰和蒸汽战列舰两个阶段。风帆战列舰出现在17世纪末期。当时的战列舰，满载排水量为千吨左右，装备有几十门到上百门发射实心弹的前膛炮，是帆船舰队中最大的战舰。到了19世纪中期，排水量发展到约4000吨，淘汰了发射实心弹的前膛炮，改用了发射爆炸弹的后膛炮。1849年法国建造了第一艘以蒸汽机为主动力装置的"拿破仑"号战列舰，开创了蒸汽战列舰的先驱。从此，风帆战列舰逐渐采用了蒸汽机、螺旋桨、线膛炮和装甲，风帆战列舰称雄海上的时代结束了，开始了蒸汽战列舰的时代。以后，蒸汽战列舰不断发展，先后装备了有膛线的舰炮和360度旋转的装甲炮塔，装甲厚度加大，威力和防护能力不断提高。到20世纪初，英国建造了"无畏"号战列舰；法、俄、日、德、美等国也相继建造了战列舰。这时，战列舰的排水量已经发展到7万吨以上。航速在30节以上，主炮口径增大至280～457毫米，舰首装甲厚度达到483毫米，是一座浮动于海上的钢铁堡垒。第一次世界大战中，战列舰大逞雄威。1916年5月31日至6月1日，在丹麦的日德兰海战中，英国参战舰艇148艘，德国参战舰艇99艘。战争中英国有3艘战列舰被击沉，1艘旗舰受重创；德国有2艘战列舰被击沉，5艘受伤。从此，各国更重视以战列舰为核心的，以大口径炮为特点的海上突击力量。但是，仅仅20多年的时间，战列舰的命运就改变了。由于航空母舰的出现和舰载机的装备使用，到第二次世界大战时，战列舰几乎成了海战中相互轰击的靶标，失去了它的海上霸主地位。1941年5月24日，德国战列舰"俾斯麦"号击沉英国最大的战列舰"胡德"号和"威尔斯亲王"号。于是，英国调动了以"皇家方舟"号航空母舰为核心的战列舰、巡洋舰40余艘，实行海空大围歼。5月26日，德国"俾斯麦"号战列舰，被英国"皇家方舟"号航空母舰舰载机投放的鱼雷命中舵机，使它在水中只能转圈而不能前进。27日又遭受2艘战列舰和巡洋舰的围歼，被英巡洋舰发射3枚鱼雷所击中，沉入海底。1941年12月8日，日军偷袭美军在太平洋的海军基地珍珠港，从6艘航母上起飞354架舰载机，击沉美战列舰5艘，重创3艘、美军在港内的8艘战列舰几乎全军覆没。美国吸取了历史战斗中战列舰失利的教训，大力建造航空母舰，3年多的时间共有120艘航母投入现役。1944年10月24日，日本"武藏"号战列舰出航还不到3天，就被美军舰载机炸沉。1945年4月7自，日本联合舰队司令长官山本五十六的旗舰，世界上最大的排水量达6.91万吨级的战列舰"大和"号，出航还不到1天，也被美军舰载机炸沉。二战期间的多次重大战斗，说明航空母舰和舰载机已成为战列舰的克星。战列舰称雄的时代已经成为历史。

战后，各国都不建造新的战列舰，已存的战列舰也陆续退出现役，作为一个舰种它已基本消亡。1979年，美国将已经封存的4艘"依阿华"级战列舰启封服役，并进行了大规模的技术改装。这是世界上仅有的4艘战列舰。美国花费了17亿美元的改装费，装备了8座4联装"战斧"巡航导弹发射装置，4座4联装"鱼叉"导弹发射装置，4座近防武器系统，保留了3座3联装406毫米主炮和6座双联装127毫米副炮。尾部还可停放4架直升机。1991年海湾战争中，改装后的"依阿华"级战列舰又投入战斗，对伊拉克实施攻击的第一枚巡航导弹，就是从"威斯康星"号战列舰上发出的。

布雷舰

　　布雷舰用于在基地、港口、航道处布设水雷障碍的军舰。布雷舰有专门建造的，也有由其他军舰、运输船和辅助船只改装的，分为远程布雷舰和基地布雷舰。满载排水量通常在600～6000吨，航速12～30节。布雷舰通常设有水雷舱，起重机或吊杆，水雷吊柱和水雷甲板，用于装载水鱼、作布雷准备，布放水雷。布雷舰装备有较完善的航行设备和自卫武器，布雷精度高，但隐蔽性差，自卫能力较弱，执行布雷任务时，需要在己方火力支援范围内，或组织兵力进行掩护。

　　俄国在19世纪末，首先建造了布雷舰。在第一次世界大战中，布雷舰有了发展，并被投入到实战中去，在水雷战中发挥了作用。在第二次世界大战中，各交战国共有近60艘布雷舰参战。意大利海军为写英国海军争夺地中海的控制权，多次派出布雷舰在地中海的几条航道上布设了大批水雷，并企图引诱封锁意军港口的英马耳他舰队出航。英国马耳他航他匆忙出航，封锁意军港口，袭击运输船只。意军的运输船队将英军引向预定水域后，悄悄返航了。英军舰队像盲人瞎马一样走进了雷区，有2艘战舰触雷沉没，2艘巡洋舰触雷重伤。马耳他舰队损兵折将，无功而返。水雷在二战中还被用于封锁海滩、水道等。战后，许多国家已经不再建造布雷舰。因为用飞机和潜艇布雷，机动性或隐蔽性能更好，布雷舰将被淘汰或改作他用。

反水雷舰艇

反水雷舰艇是指用于搜索和排除水雷障碍的舰艇，包括扫雷舰、扫雷艇、猎雷舰等。其满载排水量，扫雷舰为 500～1000 吨。扫雷艇通常在60～300 吨，航速在12～20节间。有的国家又将扫雷舰划分为舰队扫雷舰、基地扫雷舰和扫雷母舰。扫雷母舰的排水量在数千吨。反水雷舰艇主要用于在基地、港口附近、近岸海区和航道等水域排除水雷障碍，在雷区开辟航道，以保障己方舰船的航行安全。扫雷舰主要用于基地、航道和港口上排除水雷障碍。扫雷艇主要用于在停泊场、狭水道、港湾、淡水区和江河扫除水雷。扫雷舰艇装备有切割扫雷具、电磁扫雷具和音响扫雷具等多种扫雷具，以及用于自卫的小口径舰炮等。在19世纪中叶，出现了扫雷舰，到了20世纪，扫雷舰得到了迅速发展。在第一、第二次世界大战中，交战双方都使用了扫雷舰，并不断改进性能，使扫雷舰的战术性能技术性能不断提高。第二次世界大战后，又出现了遥控扫雷艇、气垫扫雷艇和猎雷舰、破雷舰和扫雷母舰等。新型的遥控扫雷艇，排水量只有几吨到十几吨，艇体能产生强大的磁场和声场，在扫雷母舰的遥控指挥下能扫除浅水区的高灵敏度的水雷。气垫扫雷艇航速高，具有独特的扫雷能力。猎雷舰和破雷舰，排水量在千吨左右，装备有声呐、雷达和灭雷具等，可以诱爆水雷。

美军在第二次世界大战中，出动了几十艘扫雷舰，清除德军布设在诺曼底登陆区附近海域的水雷。当时，德军在法国海岸附近的海区内布设了4000万颗水雷，严重威胁着登陆的庞大舰队，为保证盟军的胜利登陆。英、美搜罗到一切能用的扫雷舰，派往诺曼底海区扫雷。1950年美军在朝鲜战场上越过三八线北进。美军出动了3艘扫雷舰，打算在5天内扫清水道，然而出师不利，2艘触雷沉没，原定5天扫清水道，实际上15天才完成。这时朝鲜人民军已撤离元山港。这次两栖作战没有成功。

登陆舰艇

　　登陆舰艇用于输送兵员和武器装备到敌岸登陆的舰艇。登陆舰是一种船底平、吃水浅，能在无停靠设备、适于登陆的岸滩抵滩登陆的舰船。有大型和中型2种。大型登陆舰满载排水量2000～10000吨，续航力3000海里，能装载数十辆坦克和登陆兵数百名。登陆舰上有舰炮，具有一定的防御能力。中型登陆舰满载排水量600～1000吨，续航力1000海里，能装载数辆坦克和200名登陆兵，它更适于近海滩和浅水区航行，适用于由岸到岸的登陆。登陆舰的航速一般都不高，在12～20节。

　　登陆艇按排水量区分，有大、中、小3种型号，满载排水量10～500吨。小型登陆艇满载排水量10～20吨，续航力约100海里，能装载50名登陆兵或3吨左右物资；中型登陆艇满载排水量50～100吨，续航力100～200海里，能装载1辆坦克或登陆兵200名，或数十吨物资。大型登陆艇满载排水量200～500吨，续航力约1000海里，能载3～5辆坦克，或登陆兵数百名，或100～300吨物资。登陆艇航速低，艇上装有机枪或小口径舰炮。大、中型登陆艇也可用于从岸到岸的登陆。二战中，美军在太平洋战场上投入了大量的登陆舰艇，用于打破日军南太平洋防御的锁链，争夺日军占据的岛屿。在进攻塞班岛和冲绳岛时，都有上百艘的登陆舰艇参加战斗。战后，登陆舰艇又有了新的发展。登陆舰的航速提高了，装备了导弹，设置了直升机平台，动力装置也有很大的改进，战术技术性能有了很大的提高，又出现了气垫式登陆艇。登陆艇向着多性能和高速度发展。

登陆运输舰

　　登陆运输舰是用于输送登陆物资的登陆舰船，是登陆舰的一种。按运输对象分为登陆物资运输舰、登陆兵运输舰、直升机运输舰、船坞式运输舰、综合型登陆运输舰。登陆运输舰多为远洋运输船型，吃水较深，载运量大，不能直接登陆。主要用于远程大规模登陆。船坞式叠陆舰用于载运登陆艇或两栖车辆，总载量1500～2000吨。到了80年代，随着直升机被广泛应用于各个作战领域，垂直登陆理论的发展，美国首先用航空母舰改制成直升机登陆运输舰、综合登陆舰，用于运载登陆兵及其武器装备、补给品，以及携载的登陆艇、直升机和两栖车辆等。同时实施由舰到岸的登陆兵登陆和由直升机进行的垂直登陆。60年代以来，美国制造了多艘登陆运输舰和综合登陆运输舰。如"硫磺岛"级登陆运输舰，"塔拉瓦"级综合运输舰。"硫磺岛"级登陆运输舰排水量为18300吨，配载20架直升机，装备有舰炮和航空导弹等，航速23节。"塔拉瓦"级综合登陆运输舰排水量为39300吨，航速24节，装有大口径舰炮和航空导弹，配载有大、中型登陆艇10艘、两栖车辆、直升机，以及装载1000多名登陆兵及其武器装备。

　　登陆指挥舰是登陆舰的一种。多由登陆运输舰增设指挥设备兼任，用于在登陆作战中对登陆编队实施统一指挥。

潜　艇

　　潜艇是能潜入水中活动和作战的舰艇，是海军的主要舰种之一。它具有良好的隐蔽性、较大的自给力、续航力和极强的突击力。主要用于攻击大、中型水面舰艇和潜艇，袭击海岸设施和陆上目标，以及侦察、布雷和输送侦察小分队登陆等。

　　潜艇分类形式很多。按艇体结构的形式分，有双壳潜艇和单壳潜艇；按排水量分，有大、中、小3种类型，排水量在2000吨以上的为大型潜艇，600～2000吨的为中型潜艇，600吨以下的为小型潜艇，按动力推进方式分，有核动力潜艇和常规潜艇；按任务和武器装备分，有弹道导弹核潜艇、攻击型核潜艇和常规潜艇。

　　潜艇的组成。潜艇主要由艇体（固壳和外壳）、操纵系统、动力装置、武器系统、导航、观察、通信等设备组成。

　　潜艇和水面舰不同，它不仅能在水面航行，还能潜入水下航行。因此，艇体的外形与普通舰艇不一样。现代潜艇一般干舷很低，甲板很窄，上层建筑很小，只有一个舰桥。为了减少航行阻力，通常采用4种艇形；一是流线型，艇体细而长，长宽比例通常为11～12∶1；二是水滴形，它形似一滴水滴，艇首粗而圆，艇尾细而尖，长宽比例常为7～8∶1，流体阻力小，适合于长期水下航行的攻击型核潜艇；三是拉长了的水滴形，艇体较长，适合于中部装载导弹，多为弹道导弹核潜艇；四是鲸鱼形，呈流线型艇体，其余部分类似水滴形艇体，主要适用于常规艇体。

　　潜体结构分双壳和单壳两种。双壳艇体分两层，里边那层像保温瓶胆，叫耐压壳体。它是由钛合金等高强度钢或合金材料制成，一般为圆柱体或截头圆锥体，主要承受外部海水压力，保证艇员正常工作和生活。固壳内通常分成3~8个密封舱，分别设置操纵指挥部位，动力装置，武器系统，导航仪器，潜望镜，声呐。雷达和无线电通信设备，艇员生活设施以及其他辅助设施、空气调节系统。外壳包围着内壳，构成一个良好的艇体外形。由于壳体到处充满透水孔，内外压力相等，所以它不承受压力。单壳潜艇只在耐压壳首、尾端及上部设有非耐压艇体。双壳艇外壳与内壳之间通常布置有主水柜，燃油柜和管路等。有些导弹潜艇把内外壳体之间隔作成2~3米宽，把导弹垂直安放其中。

操纵系统负责控制潜艇下潜上浮、水下均衡、保持和变换航向以及下潜的深度。当潜艇主水柜注满水时。即从水面潜入水中；用压缩空气把主水柜的水排出，潜艇即浮出水面。艇内经常保持新鲜空气。空气的主要来源有4个方面：一是通气管装置。在夜间或近海航行时，潜艇上浮到潜望镜深度，将能升降的通气管伸出水面，空气经管子进入潜艇舱室，再经排气管装置排出，使舱内空气对流，保持空气新鲜。不过这种做法危险大，容易被敌人发现，现在一般不采用。二是空调装置，可保持舱内的温度和湿度。三是空气再生装置。它由再生风机、制氧装置、二氧化碳吸收装置组成，消除舱内的二氧化碳，产生氧气。它分解出的氧气可供70~100人呼吸数小时。还有一些预储氧气的方法，如再生药板、氧气瓶、液态氧和氧烛等。再生药板是一种由各种化学物质及填料制成的多孔板，空气流过时，就能产生化学反应，生成氧气。一般艇上带的再生药板可使用500~1500小时。液态氧是一种与氧气瓶类似的高压容器，它可供100名艇员使用90天。氧烛是一种由化学材料等制成的烛状可燃物，点燃后即可造氧。一根1尺长，直径3寸的氧烛所放出的氧气，可供40人呼吸1小时。四是空气净化装置。它可将艇内空气中有害气体和杂质控制在标准值以下，通过处理有害气体，达到净化空气的目的。

动力装置分为常规动力装置和核动力装置两种。常规动力装置主要由柴油机、蓄电池和主电动机等组成。在水面上航行时由柴油机推动，水下航行靠蓄电池为主电动机供电，推动潜艇航行。核动力装置主要由核反应堆、蒸汽发生器、主循环泵和主汽轮机等组成，通过核裂变链式反应产生大量的热能和蒸汽，推动主汽轮机带动螺旋桨驱动潜艇航行。同时还可以发电。

武器系统，现代潜艇使用的武器，主要有弹道导弹、巡航导弹、鱼雷和水雷。弹道导弹是战略导弹潜艇的主要武器，射程可达1000～1万余公里。一艘潜艇可携带8～12枚。还装备有4～8具鱼雷发射管，可发射声自导鱼雷和线导鱼雷，放布水雷等。

导航设备包括磁罗经、陀螺罗经、计程仪、测深仪和六分仪等。现代潜艇还装有无线电、星光、卫星、惯性导航等设备，构成潜艇综合导航系统，能连续准确地提供潜艇位置及航向、航速、纵横倾角等导航信息。

观察通信设备有潜望镜、雷达和声呐，有短波、超短波收发信机，长波、超长波收信机，卫星通信设备等。

潜艇的发明和制造大约有200多年的历史。1620～1624年，荷兰发明家科尼利斯·德雷贝尔研究制成了世界上第一艘潜艇。这艘潜艇是用木料制成、外面蒙了一层涂油的牛皮潜水船。船上装载12名水手，船内装有羊皮囊充当水柜，下潜时，羊皮囊内灌满水，上浮时，就把羊皮囊内的水挤出去；航行时，就用人力划动木桨而行。1776年，美国人戴维.布什内尔发明了一种"海龟"号潜艇。能在水下停30分钟左右。艇形似鹅蛋，尖头朝下，艇内仅容1人，艇底设有水柜和水泵，配有手摇螺旋桨，艇外挂有炸药桶。当年曾用它潜抵英国战舰"鹰"号舰体下，用固定炸药爆炸，未获成功。这是人力潜艇袭击军舰的第一次尝试。1800年，美国人罗伯特·福尔敦制造了一艘"鹦鹉螺"号潜艇。该艇为铜壳铁架，水面航行时用折叠式桅杆和船帆，水下航行靠螺旋桨推进，压载水柜可使潜艇下降。后来，福尔敦又研制成功用蒸汽机推进、能装100人的"沉默"号大型潜艇。1861～1865年美国南北战争时，南军制造了一种"大卫"号蒸汽机驱动的平潜式铁甲舰。1863年10月5日，南军"大卫"号击沉北军的"克伦威尔"号铁甲舰。1864年2月17日，"享雷"号潜艇用鱼雷击沉了北军的轻巡洋舰"休斯敦"号。这是潜艇第一次作战获得成功。但是，严格说来，早期的潜艇还不能算是真正的潜艇，只能算是一种用人力摇动的潜水器，是现代潜艇的雏形。1880年以后，出现了机器动力潜艇。1899年法国建造了世界上第一艘双壳体潜艇"一角鲸"号，1905年又建成世界上第一艘柴油动力潜艇"白鹭"号。1900年10月12日，美国将"霍兰"号潜艇编入海军服役。

第一次世界大战中，潜艇显示了具有特殊作用的威力，引起了军事专家们的极大关注。1914年9月5日，德国V12号潜艇用一枚鱼雷击沉了英国军舰"开路者"号，250名官兵葬身海底。9月22日，德国V9号潜艇在比利时海外用不到90分钟就击沉3艘12000吨级的英国装甲巡洋舰，舰上1500人死亡。到1915年末，德国潜艇击沉协约国商船达600余艘，到1917年，协约国被击沉商船已达2600艘。当时，击沉舰船最多的一艘潜艇是德国的V35号潜艇，共击沉226艘舰船，总计达50多万吨。到战争结束时，德国潜艇共击沉商船5906艘，总吨位超过1320万吨。击沉各种舰艇192艘，其中战列舰12艘，巡洋舰23艘，驱逐舰39艘，潜艇30艘。潜艇初露头角便大显神威，各国在战争中急速发展潜艇，共建造了640余艘。

第二次世界大战中，潜艇已成为主要的水下战舰，交战双方的潜艇都曾创下光辉的业绩。战争初期，德国海军上将卡尔·邓尼茨在大西洋采取"狼群"战术，每次用6～12艘潜艇组成水下舰队，白天尾随盟国护航队，晚间钻入护航队中间，用直航鱼雷实施近程攻击，连连取胜。1940年10月，一个由12艘潜艇组成的"狼群"就击沉了32艘舰船，而自己安然无恙。到1942年，德国潜艇共击沉盟国舰船1600艘。1943年后，由于盟国加强了反潜护航兵力，并在舰艇、飞机上加装了雷达，情况有所好转。整个二战期间，德国共有潜艇1188艘，击沉盟国舰船3500艘，造成45000人死亡。德国也有781艘潜艇被击沉。同盟国方面，英国共有233艘，美国有333艘，分别被击沉76艘和53艘。而双方水面大、中型舰艇被潜艇击沉的数更令人吃惊，其中航空母舰17艘、战列舰3艘、巡洋舰32艘、驱逐舰122艘，总数达395艘，击沉运输船达5000余艘，2000万余吨。战后各主要海军国家十分重视新型潜艇的研究和制造，核动力和战略导弹武器运用在潜艇上，使潜艇的发展进入了一个新阶段。1954年，美国建成了世界上第一艘核动力潜艇"鹦鹉螺"号，并于1958年首次进行了冰层下穿越北极的航行。1959年，苏联建成了一艘核动力潜艇。1960年，美国又建成了"北极星"战略导弹核潜艇"乔治·华盛顿"号。此后，英、法、中国也相继建成了核动力潜艇。1982年5月2日英阿马岛战争中，英国海军核动力攻击潜艇"征服者"号，用鱼雷击沉了阿根廷海军的导弹巡洋舰"贝尔格拉诺将军"号，开创了核动力攻击潜艇击沉水面战舰的首次战例。目前，随着现代科学技术的发展和反潜能力的不断提高，核动力潜艇正朝着增大下潜深度，改善核动力装置的性能，降低噪音，提高水中探测能力，增大武器射程和实现操纵自动化方向发展。

攻击潜艇

　　攻击潜艇是指用于攻击水面舰船和潜艇的潜艇。最初的攻击潜艇指以鱼雷为主要武器的攻击潜艇，是第二次世界大战以前的基本艇型。第二次世界大战以后，潜艇装备的武器已有根本变化，主要武器是鱼雷、水雷和反舰、反潜导弹。有两种类型，一种是核动力攻击潜艇，一种是常规动力攻击潜艇。核动力攻击潜艇水下排水量3009～7000吨，水下航速30～42节，下潜深度300～500米，自给力60～90昼夜。常规动力攻击潜艇水下排水量600～3000吨，水下航速15～20节，下潜深度200～400米，自给力30～60昼夜。

核攻击潜艇由于排水量大，航速高，自给力强，备受各国海军青睐，竞相发展。美国和苏联是发展核攻击潜艇的急先锋。到目前为止，美国已经发展了6代、13级共100余艘。第一代为"鹦鹉螺"级，1954年服役；第二代为"鳐鱼"级，1958年服役；第三代为"铿鱼"级，1961年服役；第四代为"长尾鲨"和"鲟鱼"级，1968年服役；第五代为"洛杉矶"级，1976年服役；第六代为"海狼"级，1980年服役。苏联发展了4代。第一代为N级，1958年服役；第二代为V级，分Ⅰ、Ⅱ、Ⅲ个型号，分别于1966年和1980年服役；第三代为A级，1983年服役；第四代为"塞拉""麦克"和"阿库拉"级，1985年开始服役。在攻击潜艇竞争中，数量上美国屈居第二，苏联独占鳌头。苏联拥有127艘，美国拥有90艘核动力攻击潜艇，美、苏两家在数量、武器、技术装备上各有所长，难分高低。英、法等国尽管实力不如美、苏，但也不甘落伍，奋起直追。各国为了超越对方，占领技术上的领先地位，在重点发展导弹和鱼雷武器的同时，还在降低噪声和深潜方面大作文章。

核动力潜艇的噪声主要是由核反应堆的回路主循环泵和汽轮机减速齿轮箱造成。噪声极大，远远超过常规动力潜艇，往往在很远的距离就已被对方探测得一清二楚。潜艇下潜深度是由壳体的耐压程度决定的，以前用合金钢制成的壳体，下潜深度在300～500米间。为降低噪声和加大下潜深度，各国在这方面做了许多有益的尝试。有的国家致力于提高核潜艇反应堆的自然循环能力，使得在中、低工作状况下可不用主循环泵，这样不但提高了反应堆运行的安全性，而且降低了主循环泵这一噪声源。有的国家改进推进方式。采用泵喷射推进器，利用高压泵喷射的高速水流推动潜艇前进，代替螺旋桨推进器。如美国的"三叉戟"级和法国的"红宝石"级潜艇，就是采用了降低主循环泵噪声的技术。英国的"特拉法尔加"级和法国的"红宝石"级潜艇，采用了泵喷射推进器技术，推进效率大为提高，噪声明显降低。为了增大下潜深度，许多国家研制新型合金钢。苏联在这方面走在了美国的前边，在70年代，苏联首先将钛合金应用于潜艇上，用钛合金制作潜艇的艇壳，使耐压能力明显增强，下潜深度远远超过钢壳潜水艇。从而在这一领域处于领先地位。钛合金是一种极好的结构材料，在相同结构重量下，钛壳潜艇的潜深是钢壳潜艇的 2～3 倍，而且无磁性，使潜艇能更好地躲过敌方的搜索。苏联已先后在"A"级和"M"级上采用了这种材料。美国在壳体方面落后于苏联，但也在研制新型高强度钢，如 HY—100，性能虽然比不上钛合钢，但也强于普通的合金钢，应用于潜艇，可使潜艇下潜深度达到 600 米以下。美、苏两国为争夺下一个世纪潜艇的优势，拼命发展核动力攻击潜艇。美国不久前推出了"海狼"级潜艇，作为保持下一世纪优势的主要武器。"海狼"级潜艇。排水量为 9150 吨，全长仅 99.4 米，是美国性能最先进、耗资最大、吨位最大的一级艇。其主要特点是安静性较好、高速、深潜、装备强和可以在冰下作战等特长。该艇推进系统采用了泵喷射推进器，体外首次涂敷消声层。该艇的动力装置经过改进，功率更大，水下航速可达 35 节。"海狼"艇首部装有 8 具 610 毫米和 760 毫米鱼雷发射管，载弹量明显高于旧式潜艇。主要携载"战斧"巡航导弹，"鱼叉"反舰导弹和高性能鱼雷，总量可载 50 枚。苏联在发展核潜艇上也不遗余力，自 80 年代以来，研制开发了多种型号的潜水艇，设计精良，技术性能先进，可称得上独具特色。如"水潜滴"型的 5 级潜艇，水下排水量 7550 吨，全长 110 米，水下航速 35 节；结构为双壳体，外部壳体采用了钛合金，下潜深度 550 米，装备有 6 具 533 毫米和 650 毫米鱼雷发射管。不但可发射重型鱼雷、巡航导弹、反潜导弹和核装药深弹，而且具有远距离对岸、对海和对水下目标的攻击能力。D 级潜艇，排水量达1.4万吨，装有24具垂直导弹发射管，同时还有6具533毫米和650毫米鱼雷发射管。但是，目前最受人们关注的是A级艇。它不仅具有很强的火力，而且还具有深潜极限900米的下潜深度，破坏深度1350米，水下航速达到42节，是跑得最快的潜艇。

核攻击潜艇应用于实战，并首开战例的是英、阿马岛之战，英军的核动力攻击潜艇击沉了阿根廷军队在马岛水域的一艘导弹巡洋舰。英军的核动力攻击潜艇"征服者"号排水量为4500吨，可以在水下连续航行3个月，速度为30节，比阿根廷的导弹巡洋舰"贝尔格兰多将军"号的速度快一倍。其声呐可搜索到64公里以外的目标，而"贝尔格兰多将军"号上的声呐陈旧，发射距离很短。在"征服者"号进行跟踪时，阿巡洋舰竟毫无察觉，英"征服者"号从容地发射两枚有线导引鱼雷，将阿根廷导弹巡洋舰送入海底。

战略导弹潜艇

战略导弹潜艇主要用于对陆上重要目标进行战略核袭击。多为核动力，也有常规动力的。主要武器是潜地导弹，并装备有鱼雷。核动力导弹潜艇水下排水量一般在5000～30000吨之间，水下航速20～30节，下潜深度300～500米，自给力60～90昼夜。常规动力导弹潜艇水下排水量3000～5000吨，水下航速14～15节，下潜深度300米，自给力30～60昼夜。

长期以来，由于弹道导弹核潜艇，隐蔽性好，可以进行远距离的核攻击，一直被视为国家三位一体的核威慑力量的重点。所以尽管造价高昂，周期长，各国仍不遗余力地发展这种武器。导弹潜艇与其他类型的潜艇相比，体积庞大，航速低，易于暴露。为了克服这些缺点，达到真正的隐蔽，确保第二次核打击的实施，现在的核导弹潜艇都采用了多种降低噪声、吸音和隐形技术，再加上射程远、精度高和配有多弹头的导弹，愈发使得当今的"水下战场"危机四伏。

战后，美国在这领域曾一度领先。然而苏"台风"级核潜艇的问世，使美、苏两国平分秋色，并驾齐驱。"台风"级潜艇水下排水量2.9万吨，动力装置在8万轴马力左右。壳体采用双壳层壳体结构，内外壳体间有间隔，对鱼雷有较好的防护能力。艇壳敷有吸音瓦，可使对方鱼雷主动声呐的探测距离大为降低。"台风"级携载20枚SS—20导弹，射程为8300公里，壳体能突破坚冰，因而可隐蔽在北极冰层下活动。美国的俄亥俄级潜艇在苏"台风"级潜艇未服役时，曾领一时风骚。该舰携带的"三叉戟"——Ⅰ型导弹，在射程上不及"台风"级携带的SS—20导弹。美国海军从第8艘俄亥俄级潜艇起装备最新型的"三叉戟"—Ⅱ型导弹。"三叉戟"—Ⅱ型导弹射程达1.1万公里，每枚导弹含14个分导式弹头，命中精度高，误差小，美海军将逐渐淘汰Ⅰ型，而用Ⅱ型来替代。

运输潜艇

运输潜艇是指用于输送兵员和物资的潜艇。潜艇不只用于作战、侦察，它在水下运输也起着重要的作用。由于水下运输潜艇活动隐蔽，能够达到战斗的突然性，有出奇制胜的功效，且水下运输不受气象和水文等条件的影响，在登陆作战中能够增加登陆成功的可能性。因此，水下运输潜艇出现之后，立即引起了人们的极大关注。1958年，美国正式建造了水下运输潜艇"灰鲸"号。"灰鲸"号水下排水量2700吨，水下最高航速20节，一次可载运数十人至百人，以及相应的作战物资。

水下运输潜艇虽然有很多优点，如隐蔽性好，运输不受气象、水文条件限制等。但也有很明显的缺陷，主要有三个方面，一是造价高昂。造一艘水下运输潜艇的费用是水面舰艇费用的1倍或几倍；二是运输潜艇每次运送的兵员和物资有限；三是柴—电动力装置限制了它的远航能力。因此到目前为止，水下运输潜艇的发展仍是十分缓慢的。随着科学技术的发展，解决核动力装置对乘员的辐射问题，以及提高航速等，将使核动力装置代替目前的柴—电动力装置，使运输潜艇向多功能发展。

潜水艇被用于运送兵员和物资始于第一次世界大战期间。当时，阿拉伯国家中的一位族长请求英国政府动用潜艇为其转移黄金，任务完成后，族长送给英国政府一头白骆驼。由于骆驼无法进入潜艇，只好把它绑在舰桥上运回英国。这是用战斗潜艇运送物资的实例。真正的运输潜艇是在第二次世界大战期间出现的。由于盟军的运输舰船在大西洋上大量被击沉，物资供应极为紧张。美国海军决定用潜艇从水下运送兵员和物资。1944年，将一艘老式作战潜艇改装成水下运输潜艇，取名为"海狮"号，这便是世界上最早的运输潜艇。这艘潜艇水下排水量为2145吨，水下最高航速13节，一次可载运160人以及相应的武器装备。由于"海狮"号是由战斗潜艇改装的，拆除了几乎一切战斗装备，运兵舱是由油料舱和食品舱改成的，生活设施十分不健全，使得作战人员体力消耗大，不利于登陆后的作战。

冲翼艇

冲翼艇是一种将飞机与舰艇的性能融为一体的艇。它既能掠水面或地面高速航行，又能在水面或地面停泊和起降。冲翼艇的基本原理是利用尾缘和两端侧壁触水，使气流在冲翼下表面完成阻塞而造成冲压升力。它具有航速高，超低空性能好，不易被雷达发现，适航性好，机动性强，两栖性能好，还有一点更是其他舰艇不具备的，就是鱼雷和水雷无法对它进行攻击。比如苏联研制的"里海怪物"式冲翼艇，艇长120米，宽40米，总重500吨，航程11260公里，最高时速300海里，飞行高度7～15米，可载800～900名战斗人员。冲翼艇主要用途是在沿海、岛屿和海上编队之间实施快速机动与补给，可在两栖登陆中输送登陆兵，实施战斗支援或担负保护任务。还可在海上编队中执行侦察、巡逻、反潜、反雷和救生等任务，装备导弹后，还可担负海上进攻作战任务。

气翼艇

气翼艇是结构、性能、装置与气垫船大体相同。它的外型很像飞机，航行时完全飞离水面或地面。能在0.8～30米高度进行高速飞行，并能在码头、海面停泊，是一种机艇合一的高性能运载工具。

气翼艇按工作原理可分为3类：一是动力气垫式气翼艇，它通过风扇推进器所产生的气垫升力来使艇体升离水面；二是地效翼式气翼艇，它利用艇上机翼与运行表面之间所形成的空气压力来升离地面或水面；三是翼化艇身式气翼艇，它将艇身翼化，利用艇体本身高速航行时产生的升力使艇体升离水面或地面。它可以高速航行600～700公里／小时，也可以倒退、静止悬停或徐徐前进，可以垂直起降，可在水中低速航行，也可贴水面高速航行，还可在雪地、冰面、沙漠、沼泽地等垫升航行。气翼艇作为一种超低空飞行器在军事上有很大的适应潜力，如发射反潜巡航导弹、运送兵员、扫雷、布雷，参加反潜作战。美国研制的一艘气翼艇达950吨，长78.3米，宽66.8米，最大航速740公里／小时，艇上装有反潜武器和防空导弹。气翼艇是一种很有前途的运载工具。

运输舰船

运输舰船是指专门担任军事运输任务的舰船。主要是向陆上基地或岛屿运送人员、武器装备和军用物资的勤务舰船。装备有一定的防御武器。如高炮、机枪、航空导弹等，用于保障运输的人员，物资和武器装备的安全。运输船一般分为人员运输船、液货运输船、干货运输船和驳船等。其排水量从千吨左右到万吨以上，航速在20节以内。人员运输船，以运送人员和武器装备为主，同时运输部分物资；上层建筑高大伸长，在船舷两侧配多艘救生艇。液货运输船，用于运载散装的燃料油、机油或淡水；这种船体，一般干舷低，机舱和大部分建筑在后部，上甲板纵中部装有连通各液货舱的管系和阀门，并有在航行中向其他舰船补给油水的输出装置。干货运输船，用于运送包装成件的军用物资，设有较多的吊架索具和起吊设备。驳船，用于驳运人员或干、液物资。驳船船型简单，装载量小，适于临时性的短距离运输。民用运输船舶大部可用于军事运输，或稍加改装用于运输，是海军勤务舰船的重要后备力量。如散装干货船、集装箱船、载驳船等。

电子侦察船

电子侦察船，用于电子技术侦察的海军勤务舰船。装备有各种频段的无线电接收机、雷达接收机、终端解调和记录设备、信号分析仪器和接收天线等，有的还装备有电子干扰设备。电子侦察船的满载排水量通常为500吨以上，4000吨以下，航速20节。能在海上实施较长时间的电子侦察。但其侦察活动受自然条件影响较大，海洋气候和水文条件等的变化，都影响电子侦察的效果。自卫能力低，基本无重型装备，轻型武器也很少，战时易遭海空袭击。为了隐蔽企图，多伪装成拖网渔船、海洋调查船、科学考察船等。

电子侦察船的主要任务是接收并记录无线电通信、雷达和武器控制系统等电子设备所发射的电磁波信号，查明这些电子设备的技术参数和战术性能，获取对方的无线电通信和雷达配系等军事情报，通过无线电通信设备向基地报告所侦查到的情况。

防险救生船

　　防险救生船用于援救失事舰艇、飞机和失事落水人员，打捞沉没舰艇和进行其他潜水作业的海军勤务舰船。按其打捞任务可分为，打捞救生船、救生船、潜水工作船、救助工作船、快速救生艇和消防船等。其主要工作内容为：向失事潜艇的艇员提供生存保障并救其脱险；为潜艇起浮创造条件，打捞沉没潜艇；为海上科学试验提供潜水勤务和打捞救生保障；对失事的水面舰艇实施堵漏排水，拖带、灭火，协助其脱浅离礁。打捞沉船等。打捞救生船和救生船吨位较大，满载排水量在1万吨至2万吨。抗风为8~12级。其他救生船吨位较小，多在数百吨至千吨左右。各种救生船根据其任务的需要，分别装备有各种救生工具，有空气潜水装置，深潜救生艇，水下切割和焊接设备，救生直升机、氦氧深潜装具和潜水钟，救生钟，供潜水员水面减压和治疗潜水疾病的减压舱，灭火高压水炮和灭火剂等。随着科学技术的发展，各种救生设备，将更加先进和有效，为海上作业和作战提供更大的安全保障。

破冰船

　　破冰船专门用于破碎冰层开辟航道，保障舰船进出冰封港口、锚地或引导舰船在冰区航行的勤务舰船。分为江河、湖泊、港湾和海洋破冰船。破冰船船身短而宽，底部首尾上翘，首柱尖削前倾，总体强度高，首尾和水线区用厚钢板和密骨架加强。推进装置多采用双轴或双轴以上多螺旋桨装置，以柴油机为原动力的电力推进。破冰时，首部挤压冰层在行进中连续破冰或反复突进破冰。其螺旋桨和舵有较强的防护力。第一艘破冰船是19世纪末英国为俄国建造的"叶尔马克"号。我国也于20世纪初建造了"通凌"号和"开凌"号破冰船，排水量均为410吨。随着现代科学技术的发展，人们更迫切地需要了解南北两极的气象、环境、资源等，这就需要有大型的、设备先进、航程远的破冰船，以适应南北两极的科学考察事业。破冰船已成为极地考察的重要装备，除用于破冰外，还兼负运输和海洋考察等任务。但普通破冰船的航程远，破冰进展慢，燃料消耗大。1957年，苏联建造了第一艘核动力破冰船，能适应极地破冰的需要，但造价高昂。现在使用较多的仍然是常规动力破冰船。如美国的"北极星"号破冰船，排水量在1.3万吨以上，可担负极地考察任务。

医院船

　　医院船是以战伤外科为主的分科医院设备和技术力量的非武装船。用于在海洋上对伤病员进行早期或专科治疗。满载排水量为1万吨左右，自给力强。按1949年《改善海上武装部队伤者病者及遇船难者境遇的日内瓦公约》规定，医院壳体的水线以上涂白色，两舷或甲板标有红十字、红新月或红狮与日，悬挂本国国旗和白底红十字旗，在任何情况下不受攻击和捕拿。全船工作人员挂有国际上规定的身份证和佩戴特殊臂章。全船设有专科救治的设备，良好的生活设施，多种救生设备和器材。在船中部设有手术室、X光室、检验室、救护室等。在船尾设有传染病室和太平间，并有独立的通风和污物处理装置。医院船在第一次世界大战期间就被应用于海上抢险救生。当时由于无条约限制，医院船仍具有一定的危险性，因此各交战国医务船主要用于战场救护和向后方基地输送伤病人员。第二次世界大战期间，出现了正规的医院船，装备多种医疗设备，具有战场救生和救护的能力，在海上卫生勤务保障中起了重要作用。

鱼　雷

　　鱼雷是一个形似雪茄、装有战斗部、能自行推进和控制的水中兵器。一般由潜艇、舰艇、飞机、直升机发射，主要攻击目标是潜艇和水面舰船。

　　世界上第一枚鱼雷是19世纪60年代制成的。当时奥地利海军上校勒皮乌斯研制了一种"机动雷"，把发动机装到炸药包上，使其能在水下自动推进。1868年，共同参加研制工作的英国工程师怀特海德又加以改进，成功地制成了第一枚鱼雷，命名"白头氏鱼雷"。1878年1月4日，俄国和土耳其战争中，俄国两艘小艇各发射一枚鱼雷，击沉了敌人的护卫舰。这是战争历史上首次使用鱼雷。1894～1895年中日甲午战争中，日本海军用鱼雷击沉大清帝国北洋水师4艘艇。在1904～1905年的日俄战争中，交战双方都使用鱼雷进行攻击，共击沉舰艇11艘，约占被击沉舰艇的20％。第一次世界大战期间，交战双方共发射鱼雷1500枚，击沉162艘舰艇。第二次世界大战期间，双方共发射鱼雷3万枚以上，击沉舰船369艘，约占击沉舰船的40％。其中击沉航空母舰19艘。当时世界上最大的7.2万吨级的日本"大和"号战列舰，被美军10枚航空鱼雷和13枚炸弹击毁，不到2小时就舰毁人亡。1982年英阿马岛海战中，英国"征服者"号核潜艇仅用2枚"虎鱼"鱼雷，就击毁阿根廷海军13645吨的"贝尔格拉诺将军"号巡洋舰。可见鱼雷是海战中威力最大的水下攻击武器。

　　二战以来，火箭、导弹等新式武器陆续装备海军，但鱼雷武器依然向前发展，而且成为反潜的主要武器之一。目前，世界各国都在用大量的人力物力，投入鱼雷武器的研制改进工作，现代鱼雷自身的性能也不断优化，正向着综合武器和武器系统发展。80年代以来，由于钛合金壳体和双层耐压壳体的潜艇陆续服役，使反潜鱼雷效能受到影响。为了提高鱼雷的爆破力，美英等国开始研究鱼雷水下定向爆破技术。即鱼雷装药的引信分为甲乙两组。触及目标潜艇后，甲先爆炸，撕开外壳，乙随即爆炸，击穿其耐压壳体。还有一种方法是，利用鱼雷聚能装药的威力向潜艇壳发射出一束强烈的高温能量射流，击穿耐压壳体后，将金属弹丸或碎片猛然四射，使潜艇进水沉没。还研制一种火箭助飞鱼雷，把火箭和鱼雷结合为一种反潜武器，航速可增大到50～60公里，具有低空突防能力强，机动性能好，发射命率高和成本低等优点。火箭助飞鱼雷在飞完空中弹道后，入水之前自动打开雷尾降落伞，以减小入水冲击力。入水后按声呐自导鱼雷的工作程序，自动寻找目标。

声呐自导鱼雷

　　声呐自导鱼雷是利用水声自动寻找的鱼雷。它和发（投）射装置、射击指挥系统、探测设备等构成自导鱼雷武器控制系统。有被动声自导鱼雷和主动声自导鱼雷。被动声自导鱼雷是接收目标的噪声导向。主动声自导鱼雷是接收自己发出并被目标反射回来的脉冲声制导。主、被声自导鱼雷，是两种制导方式交替使用。被动声自导鱼雷出现于第二次世界大战末期。人们发现，海水的密度高达空气密度的800倍。它能大量吸收电磁波和光源，所以无线电及光电不能用来制导鱼雷。然而声音在海水中的传播速度却达1450米／秒，比在空气中的传播速度大4倍多，所以利用水声特性制导鱼雷是一条重要途径。第二次世界大战以前的鱼雷都是蒸汽瓦斯鱼雷和电动鱼雷，都是直航鱼雷。只能沿着预设的方向前行。所以只有占领有利阵位和攻击舷角发射鱼雷，才能取得较好的效果。第二次世界大战以后，计算机技术、电子技术和声技术的不断发展，声自导开始投入使用。这种鱼雷发射以后发动机启动，进入预先设定的水深，然后进入搜索阶段，自导装置和非触发引信开始工作。搜索方式有三种：像直航鱼雷那样沿发射方向向前搜索航行、环形转圈搜索和蛇形搜索。如经过一段时间未曾发现目标，则再由计算机发出指令改变波束宽度、工作频率、自导方式和环形搜索直径，重行搜索。自导装置发现并捕捉目标后便转入追踪阶段，追踪也有三种方式：咬尾跟踪追击，固定提前角拦截和自动调整提前角截击。如跟踪过程中由于规避或施放诱饵等失去目标，自导装置重新启动，进入初始搜索阶段。如往复几次仍发现不了目标，鱼雷待燃料或电能耗尽之后沉于海底或自毁。和声自导相似的还有一种制导方式——尾流自导，它也是利用水声传播原理，沿目标舰艇航行时所发出的辐射噪音和尾流咬尾追击。它实际上也属于声自导鱼雷。

线导鱼雷

线导鱼雷是由发射舰艇用导线传输指令制导的鱼雷。线导鱼雷弹道一般分为5个阶段：（1）发射入水进行寻深；（2）到达预定深度后母舰开始线导。母舰不断通过导线给鱼雷下达航向、深度和速度的指令，对鱼雷弹道进行修正；（3）在距目标一定距离时开启鱼雷自导装置；（4）线导和自导同时进行，把鱼雷引到距目标更近的距离时才切断导线；（5）进入自导跟踪和再搜索阶段后，其活动和声自导鱼雷相同。线导鱼雷如因故断线或失去线导能力，鱼雷会自动转为声自导搜索。用以制导鱼雷的导线芯虽只有头发丝那么细。但每秒钟可传输14个信息，导线总长达46公里。80年代以来，光纤制导技术开始用于鱼雷制导方面。无论是在重量或质量上都有很大提高。而且光纤制导，衰减很小，保密性和抗干扰能力也很强，英国的MK24和"鱼"鱼雷已使用光纤制导。

线导鱼雷出现于第二次世界大战期间。第一枚线导鱼雷是德国人研制的"云雀"鱼雷。20世纪50年代以后，美国在德国的"云雀"鱼雷的基础上进行研究和仿制，装备了MK37—1型电动自导鱼雷。50年代后期又装备了线导鱼雷。60年代、70年代美国分别研制生产了第三代、第四代鱼雷、使线导鱼雷发展到一个新的水平。此外，意大利、瑞典、英国等在线导鱼雷的发展上也各有特色。

火箭助飞鱼雷

火箭助飞鱼雷亦称反潜导弹。舰艇在水中发射，由火箭运载飞行至预定点入水，自动搜索、跟踪并攻击潜艇的鱼雷。火箭助飞鱼雷和火箭发射装置、射击指挥控制系统、探测设备等构成火箭助飞鱼雷的武器系统。目前世界上只有6种型号：美国的"阿斯洛克"舰潜和"萨布洛声"潜潜、苏联的SS—N—15潜潜和SS—N—14舰潜、法国的"玛拉半"和澳大利亚的"依卡拉"。正在研制的有美国的"海矛"。

火箭助飞鱼雷的攻击程序是：在发射架上的火箭助飞鱼雷，根据探测设备提供的数据，瞄准和射向目标区。在空中，火箭助飞鱼雷按时间程序控制、惯性制导或无线电指令制导飞行，在预定点脱离火箭飞行器并自动打开减速伞。鱼雷着水时，减速伞和头部防护整流罩脱离鱼雷。入水下潜到预定深度后，按声呐自导鱼雷的工作程序进行搜索，发现目标即自动跟踪并行攻击。如鱼雷的战斗部是核装药时，潜艇在水下发射，鱼雷在脱离火箭时不用减速伞，入水下沉至预定深度爆炸，毁伤在其威力半径内的潜艇。火箭助推鱼雷航速一般可达50～60公里，美国的"海矛"可达110～160公里，超过潜艇速度1～3倍，极大地提高了反潜能力。

火箭助飞鱼雷主要有两种类型，即巡航式和弹道式。巡航式火箭助飞鱼雷实际上是一种有翼的导弹，外形酷似飞机，其制导方式与一般导弹相同。空中飞行弹道高度从数米到数十米不等，因此。具有低空空袭性强，机动性好等优点。弹道式火箭助飞鱼雷是一种以火箭发动机作为助推器的无翼的导弹，在弹道的初始阶段，靠发动机推进，其余则靠惯性。这种导弹的弹道是预先设定的，最大高度可达几千米。不管是哪种火箭助飞鱼雷，都可利用鱼雷发射管和导弹发射装置进行水下和水面发射，飞机和直升机也可空中发射。无论采用哪种方式发射，其末弹道都在水下，因此，火箭助飞鱼雷在飞完空中弹道后必须在入水之前打开雷尾降落伞，以减小入水冲击力。鱼雷入水后，一般按声自导鱼雷的工作程序进行工作。

水　雷

　　水雷是海军武器家族中的重要成员，是布设在水中用来炸毁敌潜艇和水面舰艇、或用来阻止其航行的一种水中武器。它结构简单、使用方便、隐蔽性好、攻击突然、易布难扫、破坏力大，可对敌形成长期威胁，素有"水下伏兵"之称。

　　中国是水雷的故乡。早在我国明朝嘉靖年间（公元1549年），明军为打击倭寇侵扰，首次发明和使用了人工操纵的"水底雷"，随后又制造出以燃香为定时引信的"水底龙王炮"和以绳索为碰线的"水底鸣雷"。1637年，明末时期又研制出一种带有发火装置的"混江龙"式水雷。这些古老的水下武器曾给入侵者以沉重的打击。国外使用水雷武器比我国要晚200多年。1861年，美国南北战争时，南军为反对北军舰队的封锁，沿江河和城市港湾布设了大量的触发水雷和触发锚雷，炸沉了北军的许多航舰艇，从而揭开了美洲水雷战的序幕。欧洲在19世纪初才将水雷用于战场，1805年左右，普鲁士人与奥地利人都使用了水雷。1854年至1856年克里米亚战争中，沙皇俄国曾将自制的触发锚雷运用于港湾防御中，击沉一艘土耳其巡洋舰。1904年～1905年日俄战争期间，俄国海军布雷2500枚，击沉日本海军一半以上的舰船。

第一次世界大战期间，水雷得到了广泛的应用。交战双方共布设水雷31万枚，击沉600吨以上的舰艇148艘，占沉舰总数的27%。击沉潜艇54艘，占沉没总数的20%。击沉商船586艘，计111.4万吨。其中最大的水雷阵发生于1918年5月。为了对付拥有140余艘潜艇的德国海军舰队，英国和美国决定在宽250海里、水深124～199米的设得兰群岛和挪威西南角之间布设大型雷障，以封锁北海北部海域。在长达6个月的时间内共布设锚雷56571枚、触线雷13546枚，阵障长230公里，由24条雷线构成反潜网障，史称"北海大障碍"。由于被德军侦破，半年内仅炸毁6艘潜艇。

第二次世界大战期间，交战双方共布设80万枚水雷，击沉水面舰艇223艘，击沉潜艇35～45艘，击伤舰船总数达2700艘。其中最著名的水雷封锁战役是美国对日本的"饥饿战役"，从1945年3月27日至8月15日，美国出动1424架次的B—29轰炸机，在日本海上航道布设了12053枚水雷，击沉击伤其舰船670艘，遏住了日本的海上生命线，使之处于极度饥饿和贫困之中。

战后的多次战争中也广泛地使用了水雷这一重要武器。1950年朝鲜战争中，朝鲜人民军为抗击美军在元山登陆，曾在元山港布设了大量水雷，使美军载有5万人的250艘舰船，在海上滞留8天之久。1972年5月，美军在越南大量布设水雷，封锁越南港口和航线，使航运被迫停运8个月之久。1984年7月，曾出现过红海水雷事件，有18艘商船被炸。1991年1月，海湾战争中伊拉克在波斯湾布设了1300多枚水雷，迟滞了美军的登陆行动。

水雷的型号很多，按布放方式分，可分为舰布水雷、潜布水雷、空投水雷和箭布水雷；按在水中的状态分，可分为漂雷、沉底雷、锚雷和特种水雷；按发火方式分，可分为触发水雷、非触发水雷和遥控起爆水雷。20世纪70年代，随着科学技术的发展，一些国家研制出高技术水雷，布雷手段也更加先进。

比如，漂雷、锚雷和沉底雷一般都没有动力，由飞机，潜艇或水面舰艇布放后只能守株待兔，无法主动对敌目标发动选择性攻击。而在现代战争条件下，用飞机和舰艇到敌人禁区布雷危险太大，于是美苏都研制了自航式水雷。以鱼雷为载体，水雷发射后自动航行至雷位，坐镇海底待机起爆。美国的自航式水雷，其航速可达 50～60 节，航程 9250 米，航深 366 米，装药 1451 公斤。如改用重鱼雷作载体，其航速可达 55 节，航程可达 46 公里。就是说，潜艇可在几十公里外把水雷送到对方的鼻子底下。攻击敌基地、港口和航线。

美国研制的"自动上浮水雷"，把鱼雷和水雷技术相结合，航程可达 13～17 海里，布设水深 760 米左右，引信灵敏度的作用半径在 1000 米以上。当敌舰船进入水雷攻击区后，上浮分离引信探测并确定打击目标后，引信动作，火箭发动机点火，水雷上浮，引爆并炸毁敌舰。

苏联 60 年代研制的核装药水雷，装药相当于 5000～20000 吨 TNT 当量，主要攻击目标是大型航空母舰、战列舰、巡洋舰和核潜艇。一枚 1 万吨 TNT 当量的核水雷，在水深 150 米处爆炸的话，可在 2000 米半径范围内击毁一艘核潜艇。如果一枚 2 万 TNT 当量的核水雷，在同样水深处爆炸，可在距爆心 700 米内重创航空母舰或巡洋舰。

但是，现代海战中最常使用的还是古老的传统式水雷，即漂雷、锚雷和沉底雷。这些水雷的主要缺点是，只能预先布设，待机歼敌，具有较大的被动性。另外，绝大多数水雷无制导系统和信号分析及识别装置，无法区分敌我，封锁了敌人也限制了自己海上力量的机动。同时，布雷也受到水区自然条件的限制。

深水炸弹

深水炸弹是由舰艇、飞机发（投）射于水中预定深度爆炸毁伤潜艇及其他目标的水中武器。深水炸弹与发（投）射装置、射击指挥控制系统、探测设备等构成深水炸弹的武器系统。深水炸弹通常为圆柱体，内装常规炸药或核装药和引信。火箭式深水炸弹通常装配于舰艇首部，多管快速齐射，由火箭发动机推进，以尾翼稳定其空中飞行和入水下沉的全部弹道。射程为数百米到数千米，主要用于攻击潜艇，也可用于攻击水面舰船。航空深水炸弹带有尾翼，以提高稳定性，弹体头部和侧面均装有引信，以确保起爆。

深水炸弹主要有3种。一是投放式深水炸弹，二是气动式深水炸弹，三是火箭式深水炸弹。

投放式深水炸弹是最古老、最原始、最早应用于反潜作战的一种深水炸弹，早在1915年就正式投入使用。这种深水炸弹一般利用水面舰艇尾部的投放架和发射炮进行发射。投放式深水炸弹由弹体和引信两部分组成，弹体呈圆筒形，总重170公斤左右，装药量约130公斤，破坏半径达20米以上。这种武器本身无制导装置，控制爆炸的时机靠人工预先设定引信的水压发火机构，利用水深压力的不同，来掌握起爆的时机。在反潜作战时，携载深弹的水面舰艇必须抢先占领有利的发射阵位，在敌潜艇的航向前方或距其一定距离投放。当深弹爆炸点在水深7～10米处，距敌艇10米处时，即可摧毁；在距20米处时，则可重创或使之受伤。有时还可齐射，在不同深度上爆炸，也能对艇群形成威胁。

气动式深水炸弹是英国在第二次世界大战初期研制，并装备护卫舰等水面舰艇使用的一种反潜武器，它沿用迫击炮发射原理，利用高压无烟火药燃气作推力进行发射。当时的"刺猬"型深水炸弹装药14公斤，射程为220米。和投放式深水炸弹相比，由直接从舰尾向水中滚落发展到能发射一段距离；深弹的水中下沉速度也由每秒2.5米发展到每秒7.3米；发射时还可24枚深弹同时发射，覆盖大片水域。现役深水炸弹中，弹径最大的是美国的MR6型，直径596毫米，弹长最大的是法国的"兰司鲁克提"，1600毫米，破坏半径最大的是美国的MRT型，约为15米；极限下潜速度最快的是意大利的"兰茶·巴斯"，17米/秒。

火箭式深水炸弹是美国海军1942年首次研制成功，并投入使用的一种较为先进的反潜深弹。火箭式深水炸弹由弹头、弹尾和药室3部分组成，弹头内装有引信和装药，弹尾装有稳定圈使之在飞行中保持稳定。这种深弹利用固体燃料火箭的反作用力作推力，发射时没有反坐力，一般小型舰艇也能装载。目前各国海军舰艇上装备的基本都是这种炸弹。战后以来，各国利用火箭式深水炸弹的发射原理研制了多管发射炮。这种发射炮有2~16个炮管，每艘舰艇能装2~4座，最大射程6000米。炮筒是一个两头开口的圆筒，发射时，可通过调整炮筒的俯仰角度来改变射角。这种深弹，本身并无制导，发射距离又近，作战效能不如反潜自导鱼雷和反潜导弹。但由于造价低廉，结构简单，使用方便，仍不失为一种有效的近程反潜手段。所以有些国家的舰艇从巡洋舰到猎潜艇无一例外，全部装备这种反潜武器。现役中射程最远的是苏联的。RBU—6000，射程达6000米；射速最快的是挪威的"特尼"，齐射6发/秒。

声　呐

　　声呐是利用水声传播原理对水中目标进行传感探测的技术设备。其工作原理同雷达一样，用于对水中目标的搜索、测定、识别和跟踪，进行水声对抗、水下技术通信、导航和武器制导，保障舰艇、反潜飞机的战术机动和水中武器的使用。也有人称作"水下雷达""水下千里眼、顺风耳"。声呐是英文的译音，意思是"声学导航与定位"。它同雷达的区别是，雷达是利用电磁波进行传播，声呐是利用声波进行传播。电磁波能以30万公里每秒的速度在空气中进行传播，但在水中就无能为力了。因为海水具有吸收电磁波的特性。而声波与电磁波正好相反，在空气中，只能以332米每秒的速度传播，在水中却以1450米每秒的速度传播。所以称声纳为"水下雷达"是当之无愧的。

　　声呐的分类方法很多。按使命任务分，可分为军用声呐和民用声呐。军用声呐是主要部分，它承担着水下探测、导航、警戒、猎潜等多种使命。军用声呐又可分为水面舰艇声呐、潜艇声呐、机载声呐和固定声呐。按装备对象可分为舰艇声呐、航空声呐、海岸声呐和便携声呐。按主要作战性能又可分为搜索声呐、攻击声呐、探雷声呐、识别声呐、通信声呐、对抗声呐、导航声呐和综合声呐。按工作方式可分为主动声呐和被动声呐。主动声呐能发出声信号，遇到目标时就会产生反射，从而测出目标的方位、距离和特性，但容易暴露自己；被动声呐自己不能发射声信号，而是守株待兔，靠接收目标发出的声信号或噪音来测定目标的位置。

　　声呐的发展是很迅速的。1490年，意大利人达·芬奇最早记述了把两端大口的长管插入水中听测远处航船的方法。后人把这种传声管称为"芬奇管"。在第一次世界大战中，它被发展成为两组多管组成的听音器，以双耳效应法测定目标的方位。19世纪末，声电转换材料的发现和20世纪初真空管的发明，是声呐发展的基础。1916年，法国物理学家P·朗之万利用电容发射器和碳粒微音器开始做回声声呐实验。到1918年，他用石英换能器和真空放大器组成的探测器，收到了潜艇的回波，探测距离达1500米，这是最早出现的近代回声声呐。第二次世界大战时，声呐开始用于军事，许多舰艇都已装备了声呐。从20世纪50年代中期开始，声纳的发展进入了现代化发展阶段。由于水中武器性能的提高，电子技术、水声工程和水声物理学方面出现了新的研究成果，声呐也运用了许多现代化技术。其主要标志是：此较普遍地采用低声频、大功率和信号数字处理技术、综合利用声波在水中传播的新途径；利用多元式基阵和数字多波束电子扫描技术，实现了对目标三维空间的快速扫描搜索；采用识别声呐或通信声呐的编码识别装置，解决了对水下目标的主动识别；拖曳式声呐有了很大发展；利用计算机技术和系统工程学的研究成果等。声呐的未来发展，将着重于镶钻式基阵声呐、拖曳线列阵声呐、光纤水听器和光学声呐，研究水声信号处理技术，进一步降低噪声和加强对各类水声信道的利用；采用计算机先进技术，向全数化方向发展；继续提高声呐搜索、识别、跟踪、处理能力和对海洋的适应能力，提高设备的可靠性、可维修性和管理操作的自动化程度，提高声呐的作战实际效能，保障舰艇、飞机的反潜，以及潜艇防潜的战斗活动的顺利进行。

舰艇声呐

　　舰艇声呐亦称舰载声呐。是舰艇的重要水中探测设备，一般每艘舰艇都装有几部、几十部各种不同类型的声呐。分为潜艇声呐和水面舰艇声呐两类。舰艇声呐按功能分，有主动定位声呐、被动测向声呐、被动测距声呐、侦察声呐、通信声呐、探雷声呐等；按声呐基阵的工作位置可分为舰壳（艇壳）声呐和拖曳声呐。

　　声呐一般由基阵、发射机、接收机、显示器、操控台和电源等组成。在舰艇上布置可分为声呐基阵和内部设备两部分。声呐基阵是声呐的耳目，声呐向水中发射或回收声波都要靠它来完成，通常又称换能器。声呐在舰艇或潜艇上的布置，一般要考虑尽量减少本舰本艇自发噪声对它的干扰，通常要远离发动机、舵机、螺旋桨等噪声干扰源。同时，还要尽量保证声呐有一个广阔的视野，使它的观察扇面要尽可能大一些。

　　舰艇的声呐主要用于搜索、识别，跟踪潜艇，保障对潜艇实施攻击，探测水中障碍，与己方潜艇进行联系通信，对敌方潜艇进行监视和警戒。现代舰艇的声呐，在良好的水文条件下，在中、低速航行时，监测距离可达30~35海里。为了提高对高航速低噪声的核动力战略导弹潜艇的监视能力，有些国家还研制和发展了一种拖曳线列阵声呐系统。拖曳式声呐是一种游离于舰艇而由之拖曳的声呐探测设备。通常分两种形式，即水听器沿拖缆排列的拖曳线列阵声呐，以及把类似于舰壳声呐基阵安装在导流罩内，由舰艇拖曳的拖体阵声呐。这些基阵一般安装在舰艇尾部，使用时可通过卷扬装置将其拖放在舰尾数十、乃至数百米距离上进行水下探测。它的发现距离一般可达百里以上，是目前较为先进的声呐，水面舰艇和潜艇都可装载。

潜艇声呐主要用于搜索、识别、跟踪水面舰船和潜艇，保障鱼雷和战术导弹攻击，探测水雷等水中障碍。潜艇上的艇壳式声呐基阵，一般都布置在耐压艇体与非耐压艇体之间，大的目标形基阵或球型基阵一般安装在艇首下部或中部，小一些基阵则可安装在指挥台围壳内。现代潜艇声呐在良好水文条件下，低速航行时发现舰船目标的最大距离为：被动方式全向搜索达60海里，自动跟踪20海里；主动式全向搜索为10海里，定向探测30海里。

海岸固定式声呐

海岸固定式声呐是设置在近岸固定式声呐，是海岸防潜警戒系统的主要水中探测设备。它由水听器基阵、海底电缆或光缆、海底电子放大器和电子设备等组成。用于海峡、基地、港口、航道和近海水域对潜警戒，并引导岸基或海上的反潜兵力实施对潜攻击。

海岸固定式声呐的工作方式主要有主动式和被动式两种，而以被动式为主。海岸固定式声呐系统是一种通过一定方式，将水听器基阵布设于水中一定深度、声道和海底的水声监视装置，它的主要任务就是以被动方式探测敌潜艇，并将所获取的目标信息传送至岸基地面站，由地面站转发通信卫星，以通知反潜飞机或舰艇奔赴预定海域进行搜潜和攻潜。

海岸固定式声呐的水听器基阵换能器多为圆柱形，通常以悬挂、锚系和坐沉海底等形式固定于水中。一般每隔5～15海里布一基阵，从而在近海沿岸、港口要塞、海峡通道等战略要冲，由一个个水听器基阵构成一个庞大的水下声呐警戒网络。当基阵接收到潜艇的噪声或回声信号时，把它转换成电信号，通过海底电缆传送到岸上的电子设备，经处理后供显示和收听，并将目标数据传送给岸上防潜作战指挥控制系统。

现在海岸固定式声呐主要有水声监视系统、水声固定式分布系统和综合水下监视系统。这些水声探测系统可以终年不断的监视敌潜艇动向，而且探测距离远，一旦发现情况，可以立即通报，整个反应时间只有几分钟时间。随着核动力战略导弹潜艇的出现，需要增大防潜警戒系统的纵深，因此，又发展了由海岸声呐、锚系声呐浮标和深海基阵组成的水下区域性对潜监视系统。20世纪80年代，又进一步向全球性的全时对潜监视跟踪系统的方向发展。美国为了监视苏联以及其他国家的舰船，通过水中潜行或水面航行等方式，在水下布设了一条声呐防线。从美国的西海岸经格陵兰经冰岛到英国一线；从位于巴伦支海的熊岛至挪威海岸、太平洋中的日本、韩国和阿留申群岛一线，甚至于布设到地中海的西班牙和土耳其海岸等。至于美国本土的东西海岸，更是设备森严，遍布声呐探测点。

航空声呐

航空声呐是装备在海军反潜直升机和反潜巡逻机上的主要探测设备。又称机载声呐。按使用方式，分为吊放式声呐、拖曳式声呐和声呐浮标系统。吊放式声呐装备在反潜直升机上，它对潜艇的搜索通常采取跳跃式的逐点搜索。载机飞临某一探测点，低空悬停，将换能器基阵吊放入水中最佳深度。以主动或被动方式全向搜索，搜索完毕后、即将基阵提出海面飞向另一探测点搜索。吊放式声呐发现目标的距离为5海里。拖曳式声呐，因高速拖曳时动水噪声和载机噪声影响严重，未能大力发展。声呐浮标，与机上浮标投放装置、无线电信号接收机和信号处理显示设备等组成声呐浮标系统。使用时，载机先将浮标组按一定的阵式投布于搜索海区，尔后在海上盘旋，接收和监听由浮标组发现的经无线电调制发射的目标信息。它对水下航行潜艇的探测半径，被动式声呐为5海里，主动式声呐为1.5海里。现代航空声呐浮标系统，已成为机载综合反潜战术情报和指挥系统的一个组成部分。

远程拖曳式列阵声呐

远程拖曳式列阵声呐通常有两种形式，即水听器沿拖缆排列的拖曳式线列阵声呐，以及把类似于舰壳声基阵安装在导流罩内由舰艇拖曳的拖体阵声呐。远程拖曳式线列阵声呐通常分为两大类：远程警戒型和战术听测型。

远程警戒型实际上是一种远程水下预警声呐系统，它通常由水面舰船拖曳，用以收听远程潜艇的信息。目前，美国研制了一种专门用于海上水声探测和预警的远洋侦察船。这种船除装备大型拖曳线列阵声呐外，还配有相应的绞车、收放装置和信息情报处理中心。工作时，侦察船通常以3节航速航行，线列阵声呐拖在船后约5公里处，水听器在水中扭曲，具有较好的挠性。在发现目标潜艇后，侦察船将潜艇的水声噪音经信息处理后，发给通信卫星，通信卫星将接收到的信号转至美国本土地面站，并呈报海军作战部参考。美国目前建造了26艘这种远洋侦察船，每艘船可在海上活动90天左右。除美国外，日本也发展了类似的水声监测船。

　　战术型拖曳线列阵声呐是一种装备于潜艇和水面舰艇，用以探测远距离水下目标的水声探测设备。拖曳线列阵声呐最早用于弹道导弹核潜艇，主要执行远程警戒任务。后来，逐渐扩展到攻击型核潜艇和水面舰艇，目前几乎所有现代化反潜舰艇都装有这种装置。潜艇自身辐射噪声较小，又处于水下环境，较为安静，多装备大型被动式艇壳声呐和拖曳线列阵声呐为主，因而听测距离较远，又不易暴露本艇艇位。潜艇一般不用主动式声呐，只有在快速鱼雷攻击、目标识别和定位时才迫不得已使用。水面舰艇使用拖曳线列阵声呐，长长的水听器基阵远远地拖在舰艇后面，本舰噪声对它形不成干扰，所以探测距离远。装有拖曳线列阵的反潜舰艇，可以单舰游弋，也可以编队航行，搜索大面积的海域。

军用飞机

　　军用飞机是指用于直接参加战斗，保障战斗进行和进行军事训练所用的各种飞机的统称。是各国航空兵的基本装备。军用飞机主要包括：歼击机、轰炸机、歼击轰炸机、强击机、反潜巡逻机、电子对抗机、侦察机、预警机、武装直升机、炮兵侦察校射飞机、水上飞机、军用运输机、空中加油机和教练机等。

　　军用飞机主要由机体、动力装置、起落装置、操纵系统、液压气压系统和燃料系统等组成。并有机载通信设备、领航设备以及救生设备等。军用战斗飞机还有机载火力控制系统和电子对抗系统等。机体由机身、机翼和尾翼组成。战斗机、歼击机、强击机等机种，机身内设有炮塔。轰炸机等机身内设有炸弹舱。喷气式飞机是目前各种航空兵的主要机种。喷气式飞机机体或机舱前装有专门的进气口和进气道。机体主要由铝合金制成，但现在也越来越多地使用轻质合金，或非金属合成材料。

现代军用飞机的动力装置多为涡轮喷气式或涡轮风扇式，也有一些仍然在使用涡轮螺旋桨发动机。直升机则普遍使用涡轮轴发动机。操纵系统包括驾驶杆、蹬舵、连杆、升降舵、方向舵、副翼等。低速飞机的操纵系统靠飞行员自身体能来操纵。高速或大型飞机还装有助力操纵装置。80年代以来的现代化飞机上，已装备了由计算机自动控制的电传操作系统，飞行员可以根据需要向计算机输入指令，计算机即自动处理，选择最佳的飞行或攻击姿态，使飞机发挥出最佳性能，且不致危及飞机的自身安全。计算机操纵控制系统已是现代化飞机不可缺少的重要组成部分。

机载领航设备和火力控制系统一直是军用飞机的最重要的装备。在70年代以前装备的飞机，机载领航设备和武器控制系统是分别控制的。70年代以后，随着现代电子技术的应用，简化了领航设备和火力控制系统的程序，采用电子技术和计算机控制网络，将两个系统合并为领航攻击系统，其自动化程度很高，适于全天候作战。飞机雷达系统和电子干扰设备，合并为统一的自卫电子对抗系统。有些飞机的机载通信设备和地面指挥系统也结合起来，可随时接收地面指令，并实施自动显示。飞机上还有供飞行员了解飞行状态、各系统工作情况及地面指令的显示装置。过去大多数飞机用仪表和指示灯等作为显示手段，60年代以后逐渐采用平视和下视显示器。

60年代以来，飞机的基本性能有了很大提高，在速度、高度、航程和续航时间、作战半径等都达到了一定的水准。近20年来，在速度、升限等方面基本无大的变化，但在自动化程度、机动性和一机多用上则有了很大进步。

世界上第一架飞机是美国的莱特兄弟研制的。很早以前，人们就渴望像鸟一样安装上一双翅膀，在空中自由地飞翔。1896年8月，德国滑翔机专家奥托·利连撒尔在一次滑翔练习中失事丧命。这个消息引起了美国两个修自行车的青年人的注意，他们就是威尔伯·赖特和弟弟奥维尔·赖特。兄弟俩认真学习有关飞行的著作，观察研究鸟的飞行。经过反复试验，终于使飞机初具雏形。1903年12月17日，由奥维尔驾驶的、命名为"飞行者"号的世界第一架动力载人飞机起飞。安全飞行120英尺，历时12秒。这是一架由轻质木料为骨架、帆布为基本材料的双翼飞机，用12匹马力的汽油内燃机带动螺旋桨。但这次飞行没有得到人们的承认，因为当时只有5名观众。赖特兄弟继续努力，不断改进飞机结构，连续飞行160次，直到1908年9月12日，奥维尔在弗吉亚州迈尔堡作了飞行1小时零7分的表演，才被人们广泛承认。这次试飞的成功，实现了人类飞上蓝天的梦想，轰动了整个世界。但是，出乎人们良好的愿望，从此也为人们在空间厮杀成为可能。最初，人们只是把飞机用作空中侦察和观察炮弹弹着点的。1909年，美国陆军装备了世界上第一架军用飞机，机上装有一台30马力的发动机，最大航速68公里／小时。1911年10月22日，大胆的意大利上尉毕亚查，驾驶着"布莱里奥"号单翼飞机，从利比亚的黎波里飞到几十公里以外的阿齐齐亚。对驻扎在那里的土耳其军队进行了侦察。这就是飞机在战斗中的首次应用。同年11月，意大利的加福蒂少尉又从飞机上向土耳其军队投下了4枚重2公斤的手掷炸弹，开创了飞机轰炸的历史。1912年，地面步枪被装上了飞机。第一次世界大战期间，出现了专门为执行某种任务而研制的飞机。交战的双方为了把入侵的敌机驱逐出己方战线，开发了一种新型的飞机——驱逐机，这就是早期的战斗机。飞机上装备有机枪，代替步枪和手枪。以后，又出现了专门对地面进行轰炸的轰炸机，对地面部队和工事进行扫射攻击的强击机等。到了20世纪20年代，军用飞机在英、法、德等欧洲国家得到了迅速发展，美国则远远地落在了欧洲各国的后面。

飞机经过第一次世界大战4年战斗烈火的考验，产生了一个飞跃。

军用飞机的性能和构造不断提高，出现了许多不同的机种，大规模的航空工业也随之建立起来。30年代后期，具有实用价值的直升机问世。到第二次世界大战前夕，单座发动机歼击机和多座双发动机轰炸机、已经大量装备了部队。有配备武器的作战飞机，如歼击机、轰炸机、强击机；也有没配备武器的或只有自卫性武器的作战飞机，如运输机、侦察机和教练机。在第二次世界大战中期，俯冲轰炸机和鱼雷轰炸机等得到广泛的应用，还出现了可在高空飞行，有气密座舱的远程轰炸机，例如美国的B—29等。英、美、德等国把雷达装在飞机上，专门用于夜战。如美国的P—61，德国的Bf110G—4等。大战期间，用于电子侦察或干扰的电子对抗机，以及装有雷达的预警飞机也开始使用。大战中、后期，有的歼击机的时速已达750公里／小时，几乎达到活塞式飞机的极限。第二次世界大战的后期，喷气式歼击机加入战斗行列。战后，喷气式飞机发展得很快，到了50年代初，许多国家都装备了大量的喷气式飞机。当时性能较先进的有苏联的米格—15、米格—17，美国的F—80、英国的"吸血鬼"。喷气轰炸机有苏联的伊尔—28和英国的"坎培拉"等。20世纪50年代中期，出现了一种即能空战又能轰炸的新机型—歼击轰炸机。60年代，歼击机、轰炸机、运输机一般都采用喷气式发动机，运输机、轰炸机的携载量大为提高，大型运输机可载运80—120吨物资。60年代以后，歼击机、歼击轰炸机和强击机等出现了许多新的型号，其中许多型号的飞机，在80年代初仍在服役。

中国在1911年，由孙中山担任南京政府临时大总统期间，从国外购进2架军用飞机。1914年。北京南苑航空学校曾设计并制造过飞机。1919年福建马尾船厂开始制水上飞机。1930年，广州航空修理厂制造了"羊城号"军用作战飞机。以后，陆续试制过各型飞机。中华人民共和国成立后，开始生产军用飞机。中国生产的军用飞机在80年代以前主要是苏联军用飞机的仿制品，大多仿制苏联的米格—15、米格—17，米格—21等各型飞机，研究、仿制了歼击机、轰炸机、运输机等，现在已能研制和成批生产喷气式歼击机、强击机、轰炸机,还能生产不同类型的直升机、运输机和水上飞机等。

1991年海湾战争中多国部队和伊拉克双方共部署飞机2440架,其中多国部队1740架(美国1300架,海湾合作委员会330架,英国48架,法国36架,加拿大18架,意大利8架),伊拉克700架。这次战争中调集的都是当今世界上最先进的飞机,具有卓越的性能。其主要特点是:

(1)飞行速度快。一般是2倍音速左右,高的可达2.5倍音速。

(2)机动性能好,加速爬升快。如F—15最大爬升率22200米/分,F—16设计要求在9000米高度,从0.9倍音速加速到1.5倍音速,所需时间不超过1分钟。

(3)飞行距离远。如F117A轰炸巴拿马时空中加油4~5次,连续飞行18小时。B—52H空中不加油的最大航程为16093公里。

(4)机上带有塔康导航系统、惯性导航系统、多普勒雷达、雷达高度表、地形跟踪雷达和夜视设备等,使飞机具有全天候性能,能在夜间和恶劣的气象条件下实现低空(60米)或超低空飞行,入侵、突防能力强。

(5)机上装有精确的瞄准和火控系统,如光学瞄准器、雷达寻的设备、惯性导航和轰炸系统、激光目标指示器和火力控制雷达等,保证了在夜间和不良气候条件下能实现精确射击和投弹,投弹精度可达30米。

(6)现代飞机上大都装有:电子干扰设备、干扰丝、雷达报警器和红外线搜索警戒系统等,使飞机在入侵时不易被敌方发现和及时发现敌方的攻击。

(7)火力猛、载弹量大。机上一般装有一门多管机炮,带有多种多枚空空导弹、空地导弹,甚至巡航导弹,载弹量一般为7~8吨,9.5~17吨(F—111),最多达30吨(B—52),可携带常规炸弹,激光制导炸弹或核弹,每枚炸弹重有一百多公斤的,最重达1300余公斤。

每次作战中，根据需要各种飞机搭配组合，紧密协同，各负责一层空域，各尽其责。牢牢地控制战场上空从超低空到平流层的制空权。

歼击机

歼击机是用于进行空战，消灭来袭的敌机和其他飞航式空袭兵器的统称。又称战斗机，旧称驱逐机。其特点是机动性好、速度快、空战火力强，是航空兵的主要机种。战斗机还可用于执行对地攻击的任务。通常分为制空战斗机、截击战斗机、战斗轰炸机和舰载机等。

制空战斗机又称格斗战斗机、前线战斗机和空中优势战斗机等，其主要任务是在战区上空与敌方的制空战斗机进行空战，夺取制空权，截击来犯的敌方轰炸机、攻击机、战斗轰炸机和武装直升机等，使己方的部队、交通要道、重要据点和军事要地免遭来自空中的袭击；同时保护己方的轰炸机、攻击机、武装直升机等顺利地攻击对方。制空战斗机的特点是速度快、机动性好、起滑跑距离短等。其配备的主要武器有航炮，中、近距离的空空导弹。现代战斗机还可挂载炸弹、导弹等执行对地攻击任务。制空战斗机是夺取制空权的主要机种，也是各国发展的重点。

截击战斗机是以截击敌方入侵的战略轰炸机和巡航导弹为主要任务的战斗机。这种飞机主要配备中距离空空导弹，以航炮和近距空空导弹为辅。其特点是速度快、爬升性能好、升限高、火控雷达搜索距离远，具有远距攻击火力强和拦截低空入侵飞机的能力。主要部署在战略要地附近或边境一线基地。

歼击机的历史从第一次世界大战开始，当时，法国首先在飞机上安装机枪用于空战。随后出现了专门的歼击机。第一次世界大战期间的歼击机，多是双翼木质结构，也有单翼木质结构的飞机，以活塞式发动机为动力，主要武器是装有向前射击的，并与螺旋桨的转动相协调的机枪。到第二次世界大战前，木质飞机被淘汰出战列。歼击机发展成为全金属结构的单翼飞机，起落架由固定式改为可以收放的，可以减小飞行中的阻力。机上最多配8挺机枪和4门航炮，机内装备了无线电通信设备，供飞行员之间或飞行员与地面指挥系统之间通信联络。第二次世界大战后期，有的歼击机的飞行速度已达到750公里／小时，几乎达到活塞式飞机性能的极限。当时性能较先进的有美国的P—51、苏联的拉—7、日本的"零"式飞机等。在第二次世界大战中，美国出动闪电式战斗机16架，在太平洋上的小岛布干维尔岛附近的海面上，拦截日本海军司令山本五十六的座机。1943年4月18日上午9时35分，山本五十六的座机，在6架零式战斗机的护卫下自布干维尔岛机场开来。美军埋伏在附近的16架闪电式战斗机向日机猛扑过来。双方飞机立即展开了激烈的战斗。美军紧紧盯住在零式机护卫下的轰炸机，并把它击落，同时又把担任拦截的日本零式机打掉一架，摆脱日本飞机的纠缠后，胜利返航。在这次空战中所用的闪电式飞机和零式战斗机，都是当时较先进的歼击机。第二次世界大战结束时，德国开始使用喷气式飞机，在性能上大大超过活塞式战斗机。到20世纪50年代，活塞式战斗机基本被淘汰。

现代的新型歼击机，飞行性能、火力、设备、维修性等方面都有很大的提高与改进。有的歼击机瞬时转弯角速度已达30度／秒；航速可快可慢，超音速度最小已下降到180公里／小时，最大速度可超过最小速度16倍；大多装有中、远距拦射导弹、近距格斗导弹和航炮，具有全方向、全高度、全天候攻击目标的能力。机载火力控制系统可保障使用空空导弹同时攻击4～6个目标。格斗中，飞行员双手不离开油门和驾驶杆，即可使用雷达和全部机载武器。有的歼击机除上述武器外还可挂数吨炸弹。机载设备可靠性好，自动化程度高，飞行员无须顾虑飞机超出安全飞行范围，也不需要进行任何计算和环视仪表，即可从平视或下视显示器上掌握全部所需信息。维修更是简便，更换1台发动机，4人只需要1小时即可完成。飞机返航后再次出动时间，包括加油、挂弹等，单机不超过15分钟。

最先进的歼击机代表型有F—14、F—15、F—16、F—18等。F—14"雄猫"是一种舰载变后掠翼重型战斗机。这种战斗机同其他战斗机相比，有两个最大特点：一是采用变后掠翼自动调节系统。能在20°～68°之间自动调节后掠翼角度。二是火控雷达和空空导弹性能非常好，使搜索距离达160公里，可同时跟踪24个目标，与"不死鸟"导弹配合，能同时攻击80～100公里远的6个空中目标。该机最大起飞重量33720公斤，最大飞行马赫数为2.34。实用升限1707米，作战半径720公里，航程3220公里。

F—16是单发动机单座轻型战斗机。战斗中，它主要在中、低空活动，控制中、低空的制空权。机动性好，具有下视、下射、超视距、全向和多目标作战能力，机载武器威力大，是当代最先进的第三代战斗机。也是美国空军主要机种之一。F—16最大飞行速度为2倍音速，实用升限15240米，最大爬升率21600米／分，最大航程3890公里，作战半径925公里。机上装有脉冲多普勒雷达、飞行控制计算机、火力控制计算机、雷达警戒系统、红外成像仪、敌我识别器、空对地敌我识别应答器。大气数据计算机、塔康导航系统、仪表着陆系统、甚高频无线电台、保密话音通信系统、机内通话装置和密码设备等。机载武器。有一门20毫米多管机炮，备弹515发，最大挂弹量可达6894公斤。还可携带响尾蛇空空导弹、空地导弹、激光和电视制导武器、火箭弹、电子干扰舱及干扰丝散布器。1991年海湾战争中，F—16从土耳其空军基地起飞，参加了对伊拉克的大规模空袭。

歼击轰炸机

　　歼击轰炸机又称战斗轰炸机。主要甩于突击敌占区纵深内的地面、水面目标，也能用于近距离空中支援，并具有一定空战能力的飞机。战斗轰炸机可以携带空对空导弹去执行空战和截击任务，也可以携带各种炸弹去攻击敌方战场上和后方纵深地区的地面目标。在作战地区，歼击轰炸机主要以低空大速度飞行，并依靠电子干扰手段进行突击。有些飞机还装有由防撞雷达和自动驾驶仪等组成的地形跟随系统，使飞机低空高速飞行而不怕遇到障碍物。还普遍装有惯性制导系统、雷达、红外线夜视仪、微光夜视仪等现代化的设备。

　　美国于20世纪40年代末开始首先使用战斗轰炸机这一名称。50年代末苏联空军开始装备歼击轰炸机。歼击轰炸机主要有两种类型，一种是由制空战斗机或截击战斗机改型而成的。它的载弹量小，航程短，全天候作战能力也稍差些。但是空战能力比较强。美国的F—4D、F—15E，苏联的苏—7、苏—17，法国的"幻影"ⅢE等型号的战斗轰炸机，都属于这一类。另一种是专门设计的战斗轰炸机。它突出了对地面目标的攻击性能，载弹量大、航程远、全天候作战能力强，但相比之下空战能力比较差。美国的F—15E、F—111，苏联的可变后掠翼的苏—24，欧洲的"狂风"等型号的飞机都属于这一类。目前，由于歼击轰炸机的发展。使它与歼击机和轰炸机的差别日益缩小，欧美一些国家已逐步将它们统称为"战术战斗机"。

　　F1—15E是美国麦克唐呐·道格拉斯公司在F—15战斗机的基础上改装而成的。它是以对地攻击为主兼任轰炸的双座轰炸机。是美军最新式的空战／对地攻击主力战斗机。该机装有前视红外／激光跟踪器、导航／攻击系统及夜间低空导航和红外目标瞄准系统，装有新的高频辨率的APG—70火控雷达和夜视设备，能在昼夜恶劣条件下，低空（60～150米）超音速（1.2倍音速）飞行，躲开敌方雷达的捕获，突入敌区，在能见度很差的情况下可同时确定6个目标，命中精度高。机上的数字式飞行控制系统具有自动地形跟踪功能。激光陀螺惯性导航系统大大提高了导航精度。座舱内有多部功能显示器，给驾驶员显示导航、武器选择、武器发射、目标跟踪等情况。该机空重14.3吨，最大起飞重量36吨，可装11吨炸弹，可携带空地导弹、空空导弹和反雷达导弹。机上有3具4联装机炮，每分钟可发射2400发炮弹。最大航程4800公里，作战半径1700公里。1991年海湾战争中，该机多次出动轰炸伊拉克首都巴格达。

F—111战斗轰炸机是世界上第一种采用可变后掠翼的飞机，适于在不同高度、速度下飞行，可以低空（60～150米）超音速（1.2倍音速）突防和夜间入侵，在不良气象条件下对地面目标可精确射击。机翼后掠角变化范围为16°～72.5°，起飞时为16°，着陆和亚音速巡航时为26°，高、低空超音速时可选用72.5°以下适当的后掠角。该机有两台推力各为5650公斤的发动机。飞行可空中加油。机上装有飞行控制系统、地形跟踪雷达、惯性导航系统、多普勒雷达和夜视设备，提供了夜间入侵和夜间飞行的能力。机上的光学瞄准器、雷达寻的设备、惯性导航、轰炸系统和火力控制雷达，保证在不良气象条件下实现精确射击和投弹。多种的积极电子干扰设备、消极电子干扰设备和红外线搜索警戒系统使飞机入侵时不易被敌方发现。机身弹舱和8个翼下挂架可携带普通炸弹、导弹和核弹。机身弹舱长5米，可挂1颗1360公斤的炸弹。机上可挂6枚"不死鸟"空空导弹，还装一门6管机炮，备弹2000发。左右翼各有4个挂架。后掠角26°时最多可带50颗340公斤的炸弹，或26颗454公斤的炸弹。后掠角为54°时，可带18颗炸弹。后掠角为72.5°时可带10颗炸弹。飞机空重21.7吨，最大起飞重量45.4吨，最大载弹量17吨。最大飞行速度2.2倍音速，实用升限15500米，作战半径，对地攻击采用低—低—低飞行时，为500～1000公里；实施高—低—高飞行时，为1100～2100公里，最大转场航程为1万公里。

轰炸机

轰炸机是专门用于对地面、水面目标实施轰炸的飞机。它具有突击力强、航程远等特点，是航空兵实施空中突击的主要机种。按载弹量分为重型（10吨以上）、中型（5～10吨）和轻型（3～5吨）轰炸机。按航程可分为远程（8000公里以上）、中程（3000～8000公里）和近程（3000公里以下）轰炸机。

真正的轰炸机是第一次世界大战时出现的。俄国军队首先装备了轰炸机。随后，法、英、德等国军队也相继装备了轰炸机。当时的轰炸机多装有2～4台活塞式发动机，载弹量达2000公斤，航程500～1000公里，速度达180公里/小时。第二次世界大战期间，英、美、苏、德等国研制了一些新型轰炸机，如美国的B—29，英国的"兰加斯特"等。二战期间轰炸机执行了几次著名的大轰炸任务，至今人们记忆犹新。1942年12月8日，日军偷袭美军在太平洋的海军基地珍珠港，350多架轰炸机和战斗机，经过几十分钟的连续轰炸，使珍珠港变成了一片火海，港内的军舰和机场的飞机遭受毁灭性的打击，半年内不能作战。据统计8艘战列舰中，4艘被炸沉，4艘受重伤。10多艘巡洋舰、驱逐舰被炸沉、炸伤，260架飞机被击毁，伤亡官兵4575人。

1945年2月13～14日，英美空军遵照丘吉尔和罗斯福下达的"卡萨布兰卡命令"，对德国东部城市德累斯顿发起大空袭。13日晚，245架英国飞机，经过4个小时的远航飞临德累斯顿市上空，将燃烧弹像雨点般撒向繁华的城市。3个小时后，第二批529架飞机又在德累斯顿市倾泻了无数重磅炸弹。第二天，美国空军的1350架B—17"空中堡垒"式和B—24"解放者"式轰炸机，又在战斗机护卫下，又蜂拥而至，铺天盖地倾泻了大批炸弹，德累斯顿变成了一片废墟。这次大空袭，死亡13.5万人。

1945年8月6日，美国"超级空中堡垒"B29轰炸机，在日本广岛投掷了第一枚原子弹，顷刻间广岛变成了一片焦土，广岛市毁灭了。3天后，又将另一颗原子弹投向了长崎。

现代的轰炸机已是二战时期的轰炸机无法比拟了，它具有3个突出的变化：一是现代轰炸机投掷炸弹的精度非常准确。二战时的轰炸机使用的是普通炸弹，轰炸精度比较差。误差常常超过100米。而新型炸弹装有制导系统和控制舵，能在飞向目标的过程中受轰炸机的控制，一旦目标被轰炸机上的激光照射器发出的激光束所照射，炸弹就会循"光"追踪，直接命中。有的炸弹头上装有一个电视摄像机，飞行员只要把摄像机瞄准目标，让目标的影像在电视屏幕中央反映出来，然后把它"锁定"，或炸弹下落的过程中偏离了目标，制导系统也会立即纠正。这种炸弹平均命中精度在10米之内，最小的仅有3~4米。二是现代轰炸机普遍使用空对地导弹。空地导弹的射程一般在8公里至700公里之内，最远可达1200公里。它有无线电制导、红外线制导、雷达制导、激光制导、电视制导、惯性制导等多种制导方式。轰炸机不必飞临目标上空去投弹，可在远处发射导弹进攻。这样，攻击范围扩大了，自身的安全也增强了。三是现代轰炸机普遍装有电子设备。机上装备光电监视系统后，即使在黑夜，飞行员也能观察到广阔范围内的地形地物。这样，轰炸机就能作超低空飞行。突破敌方的防空网。深入到敌人后方去实施轰炸。而且，轰炸机又装有电子干扰设备，防止自己被雷达发现。

海湾战争中多国部队出动10余万架次飞机，平均每天出动2200～3000架次，对伊拉克的军事指挥系统、机场、导弹发射基地、通信联络中心、运输线、核设施及生化武器工厂等重要目标，进行了重点轰炸与地毯式轰炸，投弹量约50万吨。据称，38天轰炸的投弹量与朝鲜战争3年投弹量相差无几。这次大规模空袭。使伊拉克遭受了严重损失，"所有的道路和军用机场以及电信网络已不能使用。横跨底格里斯河和幼发拉里河的所有桥梁和伊拉克四分之三的步行桥都已被摧毁。"美军在海湾的26架B—52C轰炸机，都参与了对伊拉克的大轰炸，充分显示了它的巨大威力。

强击机

强击机也叫攻击机或近距支援攻击机。主要任务是：（1）作低空或超低空飞行，突破敌方的防线，攻击敌战术或潜近战役纵深内的小型目标，如对兵站、军事据点、指挥机构、交通枢纽、仓库等目标实施轰炸和扫射。目的是削弱或切断敌后方交通线，破坏敌后方对前线的补给和支援，对己方地面或海面部队作间接支援。（2）飞临战场上空，轰炸和扫射敌方的地面部队、火力点、坦克和装甲车等活动目标，对地面部队作近距离支援。

强击机与歼击机不同。歼击机主要是空对空作战，打击的目标是敌人的飞机。强击机是空对地作战，直接配合和支援地面和海上作战。强击机的特点是有良好的飞行性能，较强的突防能力，可在靠近前线的简易机场起飞和降落。有短距离跑道即可起落，有的还可以垂直起落，或在空中悬停。它还有较强的生存能力，在要害部位都有装甲防护，如座舱、发动机、油箱等都包在特种钢板内，一般的枪弹和口径较小的炮弹不易将其击穿。强击机按重量分为轻型和重型两大类：重量在15吨左右的为重型强击机，10吨以下的为轻型强击机。武器系统有航炮、机枪、火箭、炸弹，既能对地面敌人进行扫射，又能用炸弹进行轰击。号称"空中铁拳"。

第一次世界大战中，德国研制并使用了强击机。第二次世界大战中苏联研制并使用了伊尔—2强击机，配合地面作战中发挥了重要作用。1952年美国研制出A—4型战斗机，在部队服役几十年。1982年英阿马岛争夺战中，阿根廷飞行员驾驶这种号称"天鹰"的战斗机，低空飞掠过英国驱逐舰"考文垂"号的桅顶，投下数枚重磅炸弹。"考文垂"号立刻被大火吞噬，沉入海底。60年代，美国研制的A—6型强击机，能够全天候作战，在越南战争被大量使用。后来，又发展了A—7型。号称"海盗"，它是单座亚音速战斗机，机动性能好，航程远，载弹量大，投弹准，而且体积小巧，不易被对方雷达发现。座舱的四周和外部油箱都有厚厚的装甲保护。即使是驾驶员面前的挡风玻璃，也能抵挡住子弹的猛烈射击。1986年4月15日，这两种飞机都参与了对利比亚的大空袭。它通过空对地导弹以及500磅和2000磅的炸弹，只用13分钟就轰炸了利比亚的导弹基地和兵营。

1991年海湾战争中美国使用的A—10A近距支援攻击机，可称为现代最先进的强击机。它主要攻击坦克、装甲车、炮兵阵地、指挥中心和防御工事等，被誉为"坦克杀手"。机头有一门多管反坦克机炮，每分钟能发射4200发炮弹，还配有6枚反坦克导弹和20组集束火箭炮，或者可挂重量为227公斤的炸弹28枚和精确制导炸弹6枚，可在9.2米超低空以227公里的时速飞行，并攻击地面目标，据说每次出动可摧毁11个装甲目标，相当于摧毁一个坦克连。

80年代以来，又出现了以空军攻击机改装的舰载攻击机，能垂直和短距离起降，不需弹射和阻拦装置便可在舰上起降。主要有美国的AV

—8B "鹞"、英国的 "海鹞" 和苏联的稚克—36等。舰载强击机的主要任务是携载各种导弹、鱼雷、炸弹，对海上舰船、岛屿及敌陆基目标进行攻击、轰炸和扫射。支援海上作战及两栖登陆作战。

中国空军于1950年开始装备强击机。从60年代起，逐渐换装自行研制的强击5型飞机。它是一种双发动机、单座、中单翼喷气式飞机，装有2门航炮，可挂载多种对地攻击武器。

侦察机

侦察机是专门用于从空中获取情报的军用飞机，是现代战争中主要侦察工具之一。侦察机是资格最老的飞机。1903年，美国莱特兄弟在制造世界上第一架飞机的时候曾推断，飞机的主要用途是侦察。在别的飞机没出世之前，侦察机已经在服役了，而且完成任务很出色。1914年9月14日夜晚，英国远征军在浓雾的掩护下悄悄渡过了埃纳河，朝着德军阵地前进。当他们接近阵地时，天亮了，雾散了。整个英军部队暴露在德军射程之内，遭受惨重损失。但他们看不清德军阵地情况。还击收不到良好效果。这时，英军战地指挥官约翰·弗伦奇将军派侦察机去德军阵地上空侦察，获取了德军隐蔽的炮兵阵地准确位置的照片。英军大炮猛烈开炮，立时摧毁了德军炮兵阵地。

第二次世界大战以来。几乎每次战争中，侦察机都先行一步，为军事指挥员提供敌方的军事情报。比如，1939年9月1日，德军出动58个师、2500多辆坦克和2000架飞机入侵波兰。为了保证这次闪击成功，事先派侦察机对波兰境内的重要军事设施及城镇、交通要道，作了大规模的侦察。所以，德军很顺利地占领了波兰。1945年3月，第二次世界大战结束前夕，德军把党卫军坦克第六集团军调往匈牙利首都布达佩斯地区。苏军侦察机发现了这一情报，采取了果断的军事行动，歼灭了这股敌人，粉碎了德军企图反扑的罪恶计划。60年代以来，在朝鲜战争、越南战争、中东战争以及1991年的海湾战争中，侦察机都发挥了重要作用。

侦察机按执行任务范围.可分为战略侦察机和战术侦察机。战略侦察机一般具有航程远和高空、高速飞行性能，用以获取战略情报。战术侦察机具有低空、高速飞行性能，用以获取战役战术情报。

侦察机一般不携带武器，获取情报的主要手段是：（1）光学照相。一架飞机往往带有五六架精度很高的光学照相机，拍摄目标后几十秒钟就能印出照片，并用无线电传真传到地面。（2）红外照相。如美国的SR—71和苏联的米格-25P都是3倍音速的战略侦察机。SR—71最大飞行速度超过3马赫，实用升限达25000米，照相侦察1小时拍摄的范围可达15万平方公里。（3）雷达照相。它不受白天黑夜和任何气象条件的影响，比红外和光学照相都优越。

侦察卫星出现后，侦察机仍将继续发展，而且无人驾驶飞机将得到广泛的应用。

军用运输机

军用运输机是用于运送军事人员、武器装备和其他军用物资的飞机。具有较大的载重量和续航能力。能实施空运、空投、空降，保障地面部队从空中实施快速机动。

最初的军用运输机是在轰炸机和民用运输机的基础上发展起来的。

1919年，德国制成了世界上第一架专门设计的全金属运输机 J—13。第二次世界大战后，各国又专门研制出一些军用运输机，如德国的 Me.323 和容克—352，美国的 C—46 等。60年代，军用运输机开始采有滑轮喷气发动机或滑轮螺旋桨发动机，如美国的 C—130、C—133 和苏联的安—22 等，运输机的性能也大大提高。

现代军用运输机分两大类：战略运输机和战术运输机。

大型战略运输机，载重量大，航程远，能跨越重洋作洲际飞行和远程飞行，可以空运大量作战部队和重型坦克、重炮、大型卡车、直升机、远程导弹等，以及其他大型货物。如美国 C—5A "银河" 式运输机，目前可称为世界上现役大型军用运输机的冠军。它身长 75.54 米，高 19.85 米，两个机翼总面积有 576 平方米，相当于半个足球场大。它的载重量 100 吨，一次可运送 345 名全副武装的士兵，或者 2 辆重型坦克。它装有 4 台推力强大的喷气发动机，航速每小时可达 860 公里，比火车要快 10 多倍，比轮船要快 20 多倍。它满载货物 100 吨，不在空中加油，可以行 5000 公里。它的构造布局都是从方便货物装卸来设计的。飞机尾部上翘，并开有一扇大门，舱门打开时，门板可以放到地上形成登机的跳板，坦克、汽车、大型火炮可直接开出开进。飞行时，货舱门也可以打开一半，形成一个水平平台，作为伞兵跳伞或空降货物的通道和出口。机舱里铺设载重地板，上面装有很多小滚棒，便于推动货物进出。这种飞机对机场的要求很高，要求有超过 2500 米长的厚实的水泥跑道才能起降。

苏联的安—124，是近几年研制的更大型军用战略运输机。1985 年 5 月 31 日，在巴黎北郊举行的第三十六届国际航天航空展览时首次亮相。它的翼展长 73 米，比美国现役的 "银河" 运输机还要长 5 米，载重 150 吨，比 "银河" 多 50 吨。它虽然又高又大又重，起飞降落却十分灵巧，没有 "银河" 要求得那样高的条件。它能适应初步形成的跑道或冻土带的自然平地，起飞时滑跑 1200 米就能升空，着陆时只要滑行 800 米就能停稳，比"银河"少一半多距离。而且它进出货物的效率也比"银河"高得多。不仅在机尾处开设一扇舱门，而且能把自己的"脑袋壳"整个儿翻起，成为机头上的又一个舱门。这样，坦克、汽车、火炮、导弹车可以十分方便地从机尾舱门开进，从机头舱门开出。它不愧为当今世界上军用运输机的"霸王"。

目前比较先进的载重运输机，有美国的C—130，号称"大力士"。它适应性很强，能在野战机场着陆和起飞，如果采用机轮与滑橇相结合的特制起落架，还能在严寒和冰区雪原上起降，可以弥补远程运输机之不足。

预警机

预警机是用于搜索、监视空中或海上目标，并可指挥引导己方飞机执行作战任务的飞机。它具有探测低空、超低空目标性能好和便于机动等特点，战时可迅速飞往作战地区，执行警戒和指挥引导任务；平时可沿边界或公海巡逻，侦察敌方动态，防备突然袭击。

预警机从诞生至今天，只有40多年的历史。第二次世界大战中，雷达在预警中建立了卓越功勋。为了及早探测敌海上及空中目标，通常派雷达哨舰在舰队前面开路，为己方舰队提供敌方情报。但由于地球表面有个圆弧曲率，而雷达电磁波的传播是沿直线进行的，有些电磁波"照"不到的地方，就成为"盲区"，敌机就可能利用地平线以下的隐蔽地形进行突防。另外，雷达的天线太低，对海探测距离只有20海里左右，对空也不过几十海里，真正发现目标再通知舰队做好战斗准备只有几分钟的预警时间。在舰载飞机航速提高的情况下，雷达哨舰的作用越来越小了。于是，军事科学家们在探索如何把舰载雷达、地面雷达的视野无限地扩大，使它站得更高看得更远。英国人首先实现了这个设想，首先把雷达装上了飞机，使空中监视技术进入了一个新的历史阶段。1945年，美军在一架鱼雷轰炸机上装了一部雷达，使空中雷达的测探能力大大提高。人们计算过，地面雷达的预警距离为200公里，而预警飞机可达1300公里之外。如果敌机以3倍音速来袭击的话，它当到达目标上空前6分钟，地面雷达才能发现，就是说它有6分报警时间，而预警机能在半小时前提供这个警报。两者时间差5倍；如果来袭飞机是2倍音速的话。地面雷达可在10分钟前报警，预警飞机却能达1小时，两者时间差6倍；如果来袭飞机与音速相同，地面雷达报警时间是15分钟，而预警机能在1小时45分前就报警了，比地面雷达高7倍。如果来袭飞机采用离地面100米低空突防，地面雷达设在100米高度，那么雷达只能在敌机距目标82公里处发现它，这对超音速飞机来说，已来不及报警了。而预警机却能在距目标1450公里处发现它，跟踪它。所以，各国都热心发展预警机。

目前，世界上最先进的预警机是美国的E—3A"望楼"。它是用波音—707—320B飞机和载机，加装大量电子设备而构成的。E—3A预警机在9000米高空飞行时，雷达发现高空目标的距离为500～600公里，发现低空目标300～400公里，其监视覆盖面积可达30～65万平方公里，相当于30部地面雷达的作用。它可搜索600个目标，还能对240个重点目标进行识别、判读、测距、并处理300～400个目标的数据。它能在远离防区1200公里处发现目标，可为作战兵力提供30分钟以上的预警时间。而一般雷达只能预警几分钟。E—3A是世界上性能最好的一种全天候、远航程、高空高速飞机。能监视空中、地面和海上目标，其飞行时速为880～960公里，实用升限12000米，不进行空中加油可续航9～15个小时，最大航程12000公里，最大起飞重量150吨。它的"旋罩"——天线仓直线9.14米，厚1.8米，重530公斤。机上装着先进的脉冲多普勒雷达，具有"下视"能力和抗干扰能力。从外形上看，"望楼"除了带有一个"旋罩"之外，几乎与波音707客机一样。机上配有4名驾驶员，1名值班军官和12名操作人员。他们操纵机上庞大复杂的通信设备、计算机、雷达和一些多用途工作台，确保飞机发挥超群的作用。

美国在制成E—3A"望楼"后，又用波音747改装了一台更大的预警机E—4。E—4可装载更多、功能更全的大型电子设备，并搭乘94名作战指挥人员。该机的机头上还架设有空中加油装置，加油后可连续飞72小时。它是美国用来对付核战争的预警机。一旦核战争爆发，地面指挥中心失灵的话，E—4可立刻升空指挥还击，成为一个打不垮的"空中司令部"。苏联也在图—144运输机和图—20轰炸机的基础上，发展了一种独立的预警机—图—126，西方称它为"苔藓"，性能同"望楼"差不多。英国把反潜巡逻机上的标准设备"海上监视雷达"，移植到"海王"式直升机上，制成海王直升机，这是一个创新。直升预警机有许多特点，投资少，见效快，机动灵活，可以随大舰队行动，也可以协助小队伍活动。其他预警队的天线罩都设在机背上面，而它却放在机腹侧下的部位，着落时收起，与机身的纵轴线同向，起飞后让天线罩向下偏转90°，垂直于机身的纵线轴。这样就可以做360°的扫描搜索了。

预警机自卫能力很弱，遇有敌情，便三十六策走为上策。通知其他飞机迎上去，它自己溜之大吉，躲到安全地方去。

电子对抗飞机

电子对抗飞机包括电子侦察飞机、电子干扰飞机和反雷达飞机，主要任务是对敌方的雷达、无线电通信设备和电子制导系统实施侦察、干扰和袭击。

电子侦察飞机通过对电磁信号的侦收、识别、定位、分析和录取，获取有关情报，及时传送给己方的指挥中心或作战部队。

电子干扰飞机专门用以对敌方防空体系内警戒引导雷达、目标指示雷达、制导雷达、炮瞄雷达和陆空指挥通信设备等实施电子干扰，以掩护己方航空兵突防。

反雷达飞机专门袭击敌地面防空系统的火控雷达。当它获得敌方雷达的类型、位置的准确信号后。便发射反雷达导弹进行攻击。

70年代以来，电子对抗设备形成了完整的体系，性能有很大提高，干扰功率加大，自动化程度提高。如美国EF—111A电子对抗飞机，机上装有各种战术干扰装置和电子对抗系统，能够在较大面积上破坏和干扰对方武器的雷达网工作，压制对方防空武器的攻击。它是美国空军装务中最昂贵的飞机之一。它飞行速度快，在高空达2.2倍音速；航程远，空中不加油能飞越3200公里以上；机内空间大，可容重达4吨的电子干扰设备。它可完成远距干扰、突防护航和近距空中支援三种任务。EF—111A空重约25吨，最大起飞重量40吨，最大飞行速度每小时2216公里，作战半径：实施远距干扰时为370公里，突防干扰时为1495公里，近距支援干扰时为1155公里。1991年海湾战争中，EF—111A担负了重要的电子干扰任务。

海湾战争爆发前24小时，多国部队连续不断地对伊拉克军队的雷达、侦听和通信系统进行电子干扰。他们首先使用电子发射机，用与伊拉克相同的频率发射出更强的信号，干扰其雷达、通信系统，使伊军大部分联络中断，雷达荧光屏上一片"雪花"，无法知道多国部队的动向。随即，电子战飞机升空到预定空域，实施强烈的电子干扰，使伊军指挥预警机系统失灵。当美军从战列舰、巡洋舰、驱逐舰和潜艇上同时向伊军发射第一批"战斧"巡航导弹时，电子干扰达到高峰，那时连伊拉克首都巴格达的广播电台的信号都听不清楚。而后，多国部队飞机临空，它们均由E—3型预警和指挥机控制。EF—ⅢA型和EA—6B型等电子干扰机使用大功率电子干扰器，压制伊军战略防空雷达体系，同时诱使伊防空导弹部队打开雷达。这时F—4G鬼怪式战斗机发射"哈姆"反辐射导弹，摧毁伊军地对空导弹雷达，或迫其关机。一旦发现伊军飞机升空，美电子干扰飞机便迅速地对伊军地面指挥中心进行干扰，切断伊机地空联络，使其无法控制，不能作战。多国部队还撒下大量干箔片，在伊拉克防空雷达上显示出飞机的电磁信号，这些假目标诱使伊军"萨姆"防空导弹跟踪上当。这场突袭电子战，打得伊拉克措手不及。据报道，巴格达在遭到多国部队空袭后40分钟才实行灯火管制。伊军在遭到空袭2个小时才做出应有的反应。最初几小时，伊军竟没有派出飞机同多国部队飞机进行空战，从而使多国部队执行第一轮轰炸任务的700多架飞机无一损伤，安全返航。

目前，电子干扰飞机的研制工作正向新、高阶段发展，进一步扩展频率覆盖范围，增大干扰的等效辐射功率，提高自动化程度和对雷达袭击的命中率，研制多用途无人驾驶电子对抗飞机。

"隐身"飞机

　　"隐身"飞机不是说在人的肉眼距离内也无影无踪,人们看不到它,而是指飞机采用各种高技术来减弱雷达反射波、红外辐射等,使敌方的探测系统不易发现。美国自50年代起便开始秘密研究隐身飞机技术,但对这种飞机的研制和发展状况一直秘而不宣,试验、训练一直在无人居住的内华达州沙漠和夜间进行。1989年12月10日,美军入侵巴拿马时,新研制的隐身飞机F—117A首次参战,人们才第一次公开见到隐身飞机。在对巴拿马的突袭中,F—111A连续飞行18小时,空中加油4次,向里奥阿托军营投下一枚重907公斤的激光制导炸弹。美国防部说:那次轰炸具有极高的精度。1991年海湾战争爆发后,F—111A又多次参加空袭伊拉克。

　　现代"隐身"飞机"隐身术"主要有三方面:一是外形隐身技术,即通过改变飞机的外形来减小雷达的反射面积。隐身飞机的外形十分独特,通常为翼身融合形,从机身到机翼平滑过渡,使机体表面各部分的连接处,尽可能避免直角相交,分不出哪是机身,哪是机翼,整个机体类似楔形。尾翼多采用V型,这样,比水平尾翼和垂直尾翼所产生的电磁波要小得多。为了克服镜面反射,隐身飞机还用较锐的边缘代替了圆钝的曲面,尽量减少雷达波的反射面。由于飞机的进气口容易产生强烈的雷达反射波,所以隐身飞机多采用背负式进气口,将进气口安放在飞机机身的背部,用以减小雷达反射面。发动机采用二元喷管,喷口四周加隔热层或红外挡板,改变喷口方向。还可以用冷空气降低喷气温度。二是吸波隐身技术,即机身通过采用先进复合材料与电磁波吸收材料组合而成，将入射的电磁波大部或全部吸收，使之不向回反射。有的甚至可以达到穿透程度，即入射的电磁波可以穿机而过，无法形成回波反射。这种材料重量轻、强度大、耐疲劳，虽然重量只有钢的1／5、铝的1／2，但强度却与钢相当，比铝高5倍。为了吸收电磁波，机身表面还要大量涂敷吸波材料。避免入射电磁波返回。三是电子干扰技术，即通过飞机上的电子干扰设备，干扰敌人的雷达系统。

有人计算过，采用隐身技术后，飞机的雷达散射截面大大减少。B—52轰炸机的雷达散射截面为100平方米，B—1A隐身轰炸机减少到10平方米，而B—13隐身轰炸机则不足1平方米，最先进的F—111A仅为0.01～0.001平方米，比一个飞行员头盔的雷达反射截面还小。如果某雷达对B—52飞机的跟踪距离为100公里，而对F—111A隐身飞机的跟踪距离则只有0.056～0.1公里。海湾战争中，美空军部署的飞机中最引人注目的。就是F—111A隐身飞机，这种飞机以外形、动力装置、材料、涂层到燃料等方面，都采用了一系列综合性的高技术措施，敌方的雷达和红外线、激光探测很难发现它。机身选用了吸波能力很强的现代塑料和新型复合材料，以降低电磁辐射。外皮使用了吸波涂料，更增强了隐身效果。发动机进气口位于飞机背部，扁形的机喷管沿机身上侧向后延伸，热量可通过喷管迅速耗散。排气口位于尾翼前，受尾翼阻挡喷流很快向下散去，大大降低了红外辐射。飞机外形结构呈多角锥体，下视呈楔形，前视呈尖塔形，机翼很薄，机翼前缘是机身前缘的延伸，机翼的后掠角约45°，机翼末梢呈直线型，雷达和激光探测器很难发现。这次海湾战争中，美军总共部署44架，轰炸巴格达时显示了极大的威力。只要机上瞄准具的十字线对准目标，精确制导武器就可以准确无误地将这个重点目标摧毁。而令人惊奇的是伊军雷达竟没有发现，44架隐身飞机和其他几百架飞机安全返航。

垂直／短距起落飞机

　　垂直／短距起落飞机包括垂直起落飞机和短距起落飞机两种，因垂直起落飞机一般都具有短距起落能力，故统称为垂直／短距起落飞机。

　　喷气式飞机出现后。飞机的起飞和着陆速度增大，滑跑距离增长，这样不仅需要延长跑道，而且不利于飞机的作战使用及其在地面生存。所以，第二次世界大战后，一些国家开始研制一种不需要跑道，能在城市广场、楼顶、林中空地和中型军舰上垂直起飞和降落的飞机。1954年8月1日，美国研制成世界上第一架XFY—1型垂直起降飞机。目前，世界上处于实用阶段的垂直／短距起降飞机主要有两种类型，即英国的"鹞"式和苏联的"雅克"—36。以"鹞"式飞机为例，它的发动机设有4个喷口，都在机身的两侧喷气，而且可以转。当喷口向下时，产生的推力可使飞机垂直上升，当喷口向后时，产生的推力可使飞机前进。这种飞机不需要跑道，有一块35×35米大小的空地便可起降，这样就减少或基本上摆脱了对机场跑道的依赖，便于出击、疏散隐蔽和转移。垂直／短距起降的强击机、歼击机，可装载航空母舰、巡洋舰、驱逐舰和两栖攻击舰等大、中型舰艇上，以提高舰艇的防空能力和突防能力。"海鹞"是"鹞"式的派生型，是英国垂直／短距起降舰载多用途战斗机。它在执行空中作战巡逻任务时，可携带4枚空空导弹。作战半径185公里，执行反潜任务时，携2枚"海鹰"空舰导弹，作战半径370公里；执行侦察任务时，一次出动覆盖面积为96000平方公里。1982年英阿马岛战争中，英特混舰队搭载了28架"海鹞"飞机，出动执行巡逻任务1100架次，为支援进攻出动90次架次，击落阿根廷飞机23架。苏联的"雅克"—36垂直／短距起落飞机，最大飞行速度每小时240公里。航程560公里。垂直起降飞机主要的缺点是，航速较低，作战半径小，攻击威力较差。

无人驾驶飞机

　　无人驾驶飞机指由无线电遥控飞行或自备程序控制系统操纵的不载人飞机。它可由载机携带从空中投放，也可从地面发射或起飞。可由操纵员在地面或空中用遥控设备操纵，也可通过自备程序控制系统控制飞行。有一次使用的，也有多次使用的。多次使用的无人机可自动着陆或用降落伞回收。无人机主要用途是做靶机，用于飞机、高射炮、导弹等兵器试验和性能鉴定，训练飞行员和高射炮、地空导弹、雷达操纵人员等。无人机还可用于无人侦察、电子对抗、中断通信以及科学试验等。

直升机

　　直升机是依靠发动机带动旋翼产生升力和推进力的航空器。它能垂直起落、空中悬停、原地转弯，并能前飞、后飞、侧飞，能在野外场地垂直起飞和着陆，不需要专门的机场和跑道。直升机按旋翼数目可分单旋翼式、双旋翼式和多旋翼式；按重量可分为轻型、中型和重型；按用途可分为运输直升机、武装直升机、反潜直升机、救护直升机,通讯联络直升机等类型。

在现代战争中,直升机已成为一支重要的军事力量,被称为战场上的轻骑兵。自从1907年法国工程师设计了世界上第一架能载人离开地面的直升机后,直到第二次世界大战以后,直升机才在军队中形成一个单独的机种。近40年,随着航空业的发展和战争的需要,直升机也得到迅速发展,现在已达到了第四代。第一代是1946~1955年,主要特点是采用活塞式发动机和木质混合式旋翼,使用寿命600小时,最大飞行速度每小时200公里。第二代是1956~1965年,主要特点是采用滑轮轴喷气发动机和金属旋翼,使用寿命为1200小时,飞行速度为每小时200公里,第三代是1966~1975年,主要特点是采用新型纤维旋翼,寿命在3600小时以上,最大飞行速度为每小时300公里。第四代是1976~1986年,主要特点是采用新型复合材料旋翼,飞行速度达每小时350公里。60年代,美军在越南战场上投入了数千架直升机,用于运输、营救、机降和火力支援,发挥了明显作用。

目前,美国是装备直升机最多的国家,约占其军用飞机总数的三分之一以上。1991年海湾战争中美军部队参战直升机达1700多架,其中攻击直升机约600架,运输直升机约500架,辅助直升机600架,担任空中攻击、空运和战场勤务,充分发挥了直升机摧毁伊军坦克、实施大规模战场机动和后勤补给的作用。在地面作战中集中用数千架次直升机秘密运送主力兵团由正面向西线机动300公里,为前线运送60天的作战物资。在"沙漠风暴"行动开始后,第101空中突击师一次使用300架直升机,将2000名士兵、50辆运输车和火炮、弹药、油料等作战物资运到伊拉克境内80公里纵深,建立前进基地,再实施蛙跳式跃进,切断了侵入科威特伊军的退路,使机械化部队实施深远突击，迂回包抄，合围聚歼伊主力兵团。这样大规模的空运，是第二次世界大战以来的第一次，也是战争史上空前的。

武装直升机

武装直升机指装有机载武器系统的直升机，主要用于攻击地面、水面和水下目标，为运输直升机护航，有的还可以与敌直升机进行空战。亦称强歼直升机或攻击直升机，多配属陆军航空兵。机载武器有机枪、枪榴弹、航炮、炸弹、导弹等。武装直升机通常在结构、材料等方面采取必要的措施，使其具有抗弹和耐坠毁能力。一般在座舱底部和两侧有装甲，机体和旋翼可承受12.7毫米机枪射击。它可能贴地飞行，隐蔽接敌，突然袭击，迅速转移。反坦克是武装直升机的主要任务之一。它与坦克对抗时，在视野、速度、机动性及武器射程等方面具有明显的优势，射击精度和击毁概率高。

海湾战争中，美国出动了目前世界上最先进、造价最昂贵的AH—64型"阿帕奇"攻击直升机。这种直升机具有全天候、昼夜作战能力，既可用于反坦克作战，又能用于攻击敌直升机和低空飞机。该机还采用了隐形技术，座舱及其要害部位可经受12.7毫米枪弹和23毫米杀伤爆破弹的打击，还装有雷达报警设备、主动干扰机和反雷达箔条投放系统。机上装有激光制导的"海尔法"反坦克导弹、70毫米火箭弹、30毫米机关炮、"测兵"反雷达导弹，最大时速305公里。据美国宣称，一个"阿帕奇"直升机营，可在2小时内摧毁敌方200辆坦克。

另外，苏联所制的米—24A型战斗直升机，也是现代最先进的武装直升机之一。该机的主要特点是火力强，机动性能好，它能从悬停状态到最大速度之间任意调整速度，能在距地面数米处作超低空飞行。机上装有地图显示仪、自动导航系统、12.7毫米机枪1挺。单短翼下有6个武器挂架，可携带2枚反坦克导弹、4具火箭发射器，共计128枚火箭弹；或挂4个机关炮吊舱，每舱1门23毫米双管炮；或挂AS—7空对地导弹。总之，其最大外挂武器总重量为1275公斤。

还有反潜直升机，主要用于搜索和攻击潜艇。反潜直升机多数都装有2台航空发动机，能携载航空反潜鱼雷、深水炸弹或航空导弹等武器，以及雷达等通信探测设备，能在较短时间内搜索较大面积的海域，准确测定潜艇位置，适时进行攻击。它的弱点是续航时间短，受气候条件影响较大。

空中加油机

空中加油机是在空中给航行的飞机补加燃料的飞机。其作用是使受油机增加续航能力，以提高航空兵的作战能力。最初的加油机都是用运输机或轰炸机改装的，后来发展出一种专用的加油机机。

空中加油的加油设备多数装在机身尾部，有的装在机翼下的吊舱内。加油时，加油机在受油机前方飞行，两架飞机飞行的速度，航向要相同，又要平稳。加油机伸出输油管，受油机完成对接，即开始加油。输油管一般为16～30米。一架加油机同时可给2架或3架飞机加油。

1923年8月27日，在美国进行了航空史上第一次空中加油试验。这一天，在加利福尼亚州的圣地亚哥湾上空，有两架双翼飞机，在一上一下，一前一后的编队飞行。从前上方飞机上垂下一根10多米长的软管，下面飞机上有一个人，站在后座舱里伸手抓住那根软管，接在自己飞机的油箱口上，完成了有史以来第一次空中加油。这是一种原始的加油办法。20世纪40年代以来，空中加油技术有所改进。加油机放出输油管，受油机飞过来，跟在后面，逐渐靠近空中加油机，靠机械作用将油管对接好。然后，受油机发出信号，加油机即开始打开阀门加油。现在大型空中加油机的总载油量可以达到160吨，而大型歼击机一次加油只需2～3吨，所以一架空中加油机同时可给好几架飞机多次加油。每次加油时间10～15分钟左右。为了安全起见。进行空中加油时，要派出一定数量的歼击机进行空中警戒。

空中加油对实施远程轰炸任务或飞机转场，具有重要作用。1964年6月9日。美军的4架KC—135型喷气加油机首次参加了东南亚的实战。它们从菲律宾的克拉克空军基地起飞，在越南岘港上空为8架F—100型战斗机加了油。然后，这8架F—100型战斗机飞往老挝的查尔平原，去袭击巴特的高射炮阵地。1986年4月15日凌晨，美军对利比亚实施闪电式空袭。这天，美国出动了100多架飞机，从英国的美国空军基地起飞，需要经过英吉利海峡。沿大西洋南下，绕过葡萄牙、西班牙领空，再越过直布罗陀海峡，飞临西西里岛南部，才能到达利比亚上空，全程约5110公里。但是F—111飞机的作战半径只有1100公里，所以空中要多加几次油。为此，美国出动了30架加油机，用来保证长途袭击的成功。

空中加油也出现过灾难。1965年1月15日上午10时22分，两架美国B—52轰炸机和一架KC—135空中加油机，在9000多米高空试图空中加油联接时相撞了。当即，加油机后面那架轰炸机爆炸了，变成了一团烈焰腾空的火球，紧接着那架空中加油机也炸成了碎片。令人担忧的是爆炸的那架B—52轰炸机上载着4颗氢弹，在撞机事故中散落在西班牙领土和近海里。后来美国把那4颗氢弹收回了，避免了一场大事故的发生。

舰载机

舰载机是以航空母舰或其他军舰为基地的海军飞机，执行任务时上舰，舰艇返回基地时飞回岸上基地。舰载的主要任务是用于攻击空中、水面、水下和地面目标，并遂行预警、侦察、巡逻、护航、布雷、扫雷和垂直登陆等任务。舰载垂直／短距起落飞机。能在飞行甲板较小的母舰上和大、中型军舰上起落。而普通舰载机如战斗机、轰炸机等，只能在航空母舰上起落，借助甲板上的弹射器起飞，降落时用机身后下方的尾钩。钩住飞行甲板上的拦阻索，强行停住，以缩短滑跑距离。除此之外，舰载战斗机同一般战斗机的结构没什么大区别。目前使用较多的有美国的F—14、F／A—18。苏联的米格—23、米格—29和法国的"阵风"等。1982年，英阿马岛争夺战中，英国海军首次将最先进的"海鹞"式舰载垂直／短距起落飞机和舰载直升机投入实战。

水上飞机

水上飞机是能在水面起飞和降落的飞机。该机的机身类似船形或浮筒，能在水面漂浮。机翼都采用上单翼，以减少喷浅水流对发动机、螺旋桨、外挂武器和襟翼的影响。机上装有水舵、机轮和锚泊设备，并装有航炮。携载炸弹、导弹和水中武器。该机的主要任务是海上巡逻、反潜、救护和布雷等。目前，世界各国军用水上飞机的总数不足1000架。

日本新明和公司研制的PS—1，就是一种专门用于反潜的水上飞机。它的机身是快艇形的，能在水面上像快艇一样滑跑，阻力小，速度快，机身外壳不积存海水，机首和浮筒的前部还贴了一层薄布，涂上专用涂料。每次出航后。还要用淡水冲洗。以减少海水的腐蚀。执行任务时，它接到命令后，飞到指定海域。降落在海面上把大型提吊式声呐放到150米深的水中进行搜索。听6分钟后，如没有发现动静，就随即起飞，到50公里外的前方再次降落，放下声呐谛听。这样，可以连续进行20次，远飞1110公里，一旦发现了敌人潜艇，PS—1就会准确地测出潜艇的位置，然后迅速用机载鱼雷、反潜炸弹或高速火箭加以攻击。

猎潜机

猎潜机是用于搜索和攻击潜艇的海军飞机。主要用于对潜警戒，协同其他兵力构成反潜警戒线；在己方舰船航行的海区遂行反潜巡逻任务；引导其他反潜兵力或自行对敌方潜艇实施攻击。

第二次世界大战时，纳粹德国在大西洋实行"狼群战术"，在海中潜伏一大批潜艇，一旦发现同盟国船队，便像一群恶狼似的集群攻之，之后又散去找新的目标。这个"狼群"曾一次切断了同盟国在大西洋的海上运输线，对同盟国构成了极大的威胁。为了消灭"狼群"，英国加紧了用飞机发现潜艇和增强对潜艇攻击力量的研究。他们改进了飞机上的雷达，又制成一种声呐浮标。反潜飞机将这种浮标投放到德国潜艇活动的海域，然后接收它们发出的信号，就可以探知5公里以内水下航行的潜艇了。接着又把声呐研究成果用到鱼雷上，制成了一种由飞机投放的反潜自动制导鱼雷。这种鱼雷能在1200米处搜寻到敌人潜艇发出的噪声，然后"循声追踪"，直至准确命中敌潜艇为止。后来，又改进了飞机投放的深水炸弹，增大其水下爆炸威力。又在飞机上装备了航空反潜火箭。有了这些装备，反潜飞机的反潜能力大为增强，无论是黑夜或海况条件不好，潜艇也难逃厄运。1943年9月的一天，德国出动了26艘潜艇，企图破坏同盟国的一支运输船队。英国同时派出了反潜飞机去对付德国潜艇。这一次德国潜艇被击沉16艘。从此，德国的"狼群"再不敢那样猖狂了。据统计，第二次世界大战中，德国共损失781艘潜艇，其中有375艘是被航空兵器击毁的。几乎占了一半。人们称猎潜飞机是潜艇的克星。

猎潜飞机同猎潜艇，反潜潜艇相比。有独特的优越性。一是它具有快速、机动的特点，能在较短时间内居高临下的进行大面积搜索。二是由于它在空中搜索，自身引起的地磁变化很小，不会像艇那样在海上航行时，因自己产生的尾流而干扰仪器的工作。所以，反潜飞机上的地磁探测仪和声呐工作起来特别有效。三是反猎飞机可向海中投掷深水炸弹、火箭等武器。而敌潜艇对它没有反击能力，只能逃之夭夭。相反，对于猎潜艇和反潜潜艇，敌潜艇在不得已时还可以拼杀一阵。

现代的岸基反潜机共有4神：即美国的P—3"奥利安"反潜机，英国的"猎迷"反潜机，苏联的伊尔—28反潜机和法国的"新大西洋"反潜机。前三种都是用民航机改装的，只有法国的"新大西洋"反潜机是专门为反潜设计的。在这架飞机上工作的共有12人，其中包括机头操作员、观察、技术协调员。它能在离开陆地1100公里以外的海面上接连巡逻8小时。为了保证机内人员的正常工作和休息，机内配有厨房、盥洗室、衣柜、休息室等各种生活设施。"新大西洋"装备的是一种先进的惯性导航仪。武器舱装有标准炸弹、深水炸弹、鱼雷和空对地导弹。机翼下还带有火箭弹、导弹，以及照明弹。可称得上是一种威力强大的反潜飞机。

导　弹

导弹是依靠自身动力装置推进，由制导系统导引，控制其飞行路线并导向目标的武器。它的弹头可以是普通装药的、核装药的或化学、生物战剂的。其中装普通装药的称常规导弹，装核装药的称核导弹。按作战使命不同，分为战略、战役和战术导弹。按发射地点和攻击目标不同，又分为地地导弹、地空导弹、空地（舰）导弹、潜地导弹、舰舰导弹、岸舰导弹、反弹道导弹、反坦克导弹、反雷达导弹。按飞行方式不同分为：在大气层内以巡航状态飞行的巡航导弹；穿出稠密大气层的按自由抛物体弹道飞行的弹道导弹。

导弹武器出现于第二次世界大战后期。1942年，纳粹德国研制成功了V—1型导弹，这是一种机型导弹，总重2200公斤，弹长7.6米，最大直径0.82米，翼展5.3米，使用脉冲式空气发动机，战斗部装药700公斤，航程300多公里，飞地高度2000米，是一种巡航导弹。后来又研制成功V—2型弹道导弹。这两种导弹都是普通装药弹头，德国人给它起名叫"复仇武器"。纳粹德国为了挽回败局，于1944年6月3日，用导弹袭击了英国首都伦敦，强烈的爆炸力和破坏力，给英国造成了严重损失。据统计，从1944年6月13日至9月4日盟军占领导弹发射场为止，V—1导弹就向伦敦发射了8070枚，有23000多所建筑物被摧毁，5500余人被炸死。V—2导弹由于性能大大提高，给盟军造成的损失更大。自1944年9月至1945年3月，德国共发射了4320枚，其中射向英国的1120枚中有1056枚命中目标；其余2500枚射向欧洲大陆，余下的作为打靶训练用。此外，德国还研制了对付英、美轰炸机群的反舰导弹等。这些导弹，战后都成为其他国家发展导弹的借鉴和参考。

1982年4月至6月，英国和阿根廷之间爆发了争夺马尔维纳斯群岛的战争。这场战争中交战双方使用的各类战术导弹、鱼雷、激光制导炸弹等精确制导武器达17种之多，是世界上第一次大规模使用制导武器的局部战争。在5月1日的空战中，英国"海鹞"式飞机用AIM—9L"响尾蛇"导弹击落了第一架阿根廷飞机。次日，英"征服者"号攻击型核潜艇在马岛以南海域发射2枚"虎鱼"鱼雷，击沉阿海军13600吨的大型巡洋舰"贝尔格拉诺将军"号。5月4日，阿空军一架"超军旗"式战斗机，在马岛以北海域用一枚AM—39"飞鱼"导弹，向3500吨级的英海军导弹驱逐舰发出攻击，该舰中弹后不到4小时便沉入海底。继而英海军2700吨级的"热心"号护卫舰、2700吨级的"羚羊"号导弹护卫舰、3500吨级的"考文垂"号导弹驱逐舰、14900吨级的"大西洋运送者"号货船及4400吨级的"加拉哈德爵士"号登陆舰相继被阿军击沉。而英海军则利用舰载直升机击沉阿巡逻艇1艘，重创2艘。又在"火神"式轰炸机装上了"百鸟舌"导弹，摧毁不少阿军雷达，用"米兰"式反坦克导弹轰击阿军坚固防御工事，都收到了预想的结果。这次阿军在空中被击落的86架飞机中，有72架是被各种导弹击中的。

1991年爆发的海湾战争，是二次世界大战以来投入新式武器最多、技术水平最高、综合协调性最强的现代局部战争。各种高技术兵器竞相展示自己的性能和战绩。而大量使用各种战役战术导弹，实施精确攻击，又是海湾战争的一大特点，仅在作战中亮相的导弹就有30多种。其中多国部队使用的战绩最突出的，主要有"战斧"巡航导弹、"爱国者"

地空导弹、"响尾蛇"空空导弹、"哈姆"高速反雷达导弹等。伊拉克使用的有苏制"飞毛腿"地地导弹、伊拉克自行改装的"侯赛因"、"阿巴斯"地地导弹，苏制"萨姆"—2、"萨姆"—3、"萨姆"—6、"萨姆"—9、"萨姆"—13等地空导弹。特别是"爱国者"导弹在空中拦截"飞行腿"导弹，立下赫赫战功，出尽了风头。

战略导弹

战略导弹是指用于打击战略目标的导弹。进攻性战略导弹，通常射程在1000公里以上，携带核弹头，主要用于打击敌方政治经济中心、军事和工业基地、核武器库、交通枢纽等重要战略目标。按发射点与目标位置分为地地战略导弹、潜地战略导弹、空地战略导弹；按用途分为进攻性战略导弹和防御性战略导弹，即反弹道导弹；按飞行方式分为战略弹道导弹和战略巡航导弹，按射程分为中程、远程和洲际导弹。中程导弹射程为1000～3000公里，远程导弹射程为3000～8000公里，洲际导弹射程在8000公里以上。

第二次世界大战后，美国、苏联在德国V—1、V—2导弹基础上，开始发展战略导弹。这些导弹的主要特点，一是弹体长，发射重量大。一般弹体长10～30米，直径1～3米，发射重量几十至几百吨。其中世界上地地导弹如苏联的SS—9弹体长达到37米，弹径3.4米。而SS—18导弹发射重量已达220吨。战略导弹的外形结构很简单，通常为圆柱形结构，没有弹翼，发射时靠助推火箭。二是射程远，速度快。射程1000公里以内的为近程导弹，1000～3000公里以上为中程弹道导弹，3000～8000公里和8000公里以上为远程弹道导弹。其中射程最远的达18000公里。三是精度高，威力大。最新式的"侏儒"导弹射程远达11400公里，圆概率误差只有120米。苏联SS—9导弹的爆炸力相当于2500万吨TNT当量，而SS—18的爆炸力也达到2400万吨TNT当量。

目前，地地战略核导弹已经发展到第五代。第一代是50年代末期，虽然研制成功核导弹，但技术性能比较差，反应时间长。均为单弹头，圆概率误差达8000米。第二代是60年代中期。这一代导弹主要是提高导弹的生存能力和作战性能，发动机改为固体推进剂，反应时间有所缩短，核弹头加装了突防装置，命中精度、比威力和可靠性都有所提高。第三代是80年代初期。这一时期代表性的战略核导弹有美国的"民兵"ⅢMK12和"民兵"ⅢMK12A，苏联的SS—9和SS—13。主要特点是提高导弹的突防能力和打击硬目标的能力，开始采用分导式多弹头，命中精度也进一步提高。第四代是70年代末期。这一时期主要是提高导弹的生存能力和摧毁目标的能力，投掷重量大，可携性能先进的分导式弹头，命中精度有所提高。第五代是70年代末以来。这一代导弹的代表型号有美国的"侏儒"、前苏联的SS—24、25、27。主要特点是导弹向小型化、机动化、高突防、高精度发展，进一步提高了生存能力和打击硬目标的能力。最大起飞重量已从原来的220吨，降至80吨，而像"侏儒"导弹只有16.8吨。最大射程达13000公里，圆概率误差降至120米，分导弹头数目最多可达10个。导弹威力最大为10×35万吨。发射方式由原来的地下井转为公路机动和地下井及铁路机动发射。

目前，美、苏等国先后研制和装备的战略导弹已达几十种类型，现装备的有30余种，射程在1000～10000公里以上。弹头由多弹头发展到集束式和分导式多弹头。弹头威力有万吨级、10万吨级、百万吨级、千万吨级TNT当量，命中精度误差只有几十米，发射的准备时间只需十几分钟，发射方式由地面发射发展到地下、水下、水面、空中发射。战略核导弹已成为现代核战争的重要武器。

战术导弹

　　战术导弹区别于战略导弹之处：（1）它射程近。战略导弹射程通常在1000公里以上，而战术导弹射程通常在1000公里以下；（2）它以打击硬目标为主，直接支援战场作战。主要用于攻击地面炮兵射程之外的敌战役战术纵深内的固定及活动目标，如核武器发射阵地、前沿机场、坦克集群、部队集结地、固定防空阵地、交通枢纽等。而战略导弹主要是攻击敌政治经济中心、军事和工业基地、核武器库及交通枢纽等软目标；（3）它的弹头通常装普通装药弹头，也可以装核弹头和化学、生物战剂弹头。而战略导弹是以装核头为主，是核战争的重要武器。

　　目前，战术导弹约有20多种，装备了20多个国家和地区。有打击地面目标的地地导弹、空地导弹、舰地导弹、反雷达导弹和反坦克导弹。有打击水域目标的岸舰导弹、空舰导弹、舰舰导弹、潜舰导弹和反潜导弹。有打击空中目标的地空导弹、空空导弹、舰空导弹。这些导弹采用的动力装置有固体火箭发动机、液体火箭发动机和各种喷气发动机。其制导方式多种多样，主要有无线电制导、惯性制导、红外制导、雷达制导和激光制导等，有的还采用复合制导，命中精度很高。发射方式。可以地面固定发射也可以车载、机载、舰载发射，有的由单兵肩抗发射。由于战术导弹能给敌方以常规威慑，有效杀伤有生力量。又具有易于突防、不受气候影响、减少己方伤亡等特点。所以，世界许多国家的部队都陆续装备了战术导弹。

弹道导弹

弹道导弹指主动段在推力作用下按预定弹道飞行，被动段按自由抛物体轨迹飞行的导弹。分洲际、远程、中程、近程，主要打击固定目标。

弹道导弹的飞行原理同枪弹、炮弹是一样的。整个飞行可分为两个阶段：即主动段和被动段。主动段，导弹在火箭发动机推力下，通过制导系统，按预定轨道将导弹推出大气层。火箭发动机开始转变方向，控制导弹向预定目标方向缓慢转弯，火箭燃料耗尽后便自动分离，助推段（即主动段）宣告结束。然后，靠火箭推力的惯性继续爬升，大部时间在稀薄大气层或外大气层内运动。这以后称作被动段。由于地心引力的作用，导弹爬到制高点便按抛物线下降弹道下滑，重返大气层。这时可以利用惯性制导、星光制导或雷达进行制导，使其精确命中目标。

由于制导技术的不断发展和完善，导弹的命中精度也不断提高。如20世纪60年代初服役的"宇宙神"洲际弹道导弹。射程1万公里，命中精度（圆公算偏差）2.77公里。而70年代末期服役的"卫兵"Ⅲ洲际弹道导弹。射程1.3万公里，命中精度已提高到0.185公里。在惯性制导的基础上，增加了星光测量装置，产生了"星光——惯性制导"，利用宇宙空间的恒星方位来判定初始定位误差和陀螺漂移，可对惯性制导误差进行修正，使导弹命中精度越来越高。

弹道导弹的发射方式，有固定发射方式和机动发射方式。早期的弹道导弹多采用固定发射方式，一是地面发射；二是半地下发射，即把导弹配置在掩体内或坑道里，发射时打开掩体，竖起导弹就可发射；三是地下发射，采取井口发射或井下发射。但在空间侦察技术高度发展、炸弹和导弹爆炸力空前提高的情况下，固定发射终归是不安全的。一些国家又采取了机动发射方式，主要有地面机动和水下机动两种形式。地面机动，一是公路机动，把整个导弹系统装在大型发射车上，沿公路活动，完成发射任务；二是铁路机动，把庞大的发射设备通过铁路运载，完成发射任务。水下机动，就是把导弹装在潜艇上，利用潜艇水下机动来完成发射任务。据计算，水下机动安全系数大，生存能力强。可达90%，而固定式发射只有10%，所以，美、苏特别重视潜艇发射导弹，美国准备60%以上的战略导弹移到水下发射。一般潜艇可携载16枚导弹，最多的如美国的"俄亥俄"级可携载24枚，苏联的"台风"级可携载20枚。潜射导弹也可用作第二次、第三次核打击力量。

巡航导弹

巡航导弹是依靠空气喷气发动机的推力和弹翼的气动升力，主要以巡航状态在大气层内飞行的武器。简单地说，实际上是一种飞机式驾驶飞行器。它可以从地面、空中、水面和水下发射，攻击固定目标和活动目标，既可作战术武器，又可作战略武器。

巡航导弹与弹道导弹不同。弹道导弹起飞后进入外层空间飞行，再返回大气层；它不靠外界空气工作；没有弹翼、尾翼和操纵面；飞行速度快、射程远，一般在8000～13000万公里之间，基本上都装核弹头。巡航导弹主要在大气层中飞行；弹体上有弹翼、尾翼和舵面，以保持和控制导弹飞行的稳定和弹道的调整；它所选用的发动机都要依靠空气进行工作，主要有涡轮喷气、涡扇喷气和冲压喷气3种；飞行距离较近，一般只有几十公里至几百公里，个别的达千里；大多数装常规战斗部，属战术导弹。

如，美国"战斧"巡航导弹，它是目前世界上最先进的巡航导弹。由美国通用动力公司于1972年开始研制，1982年具备作战能力，开始装备部队。"战斧"巡航导弹共有3种型号：潜射型的"战斧"对陆核攻击导弹（BGM—109A）、舰射型的"战斧"反舰导弹（BGM—109B）及潜射、舰射型的"战斧"对陆攻击常规导弹（BGM—109C）。这3种型号的外形尺寸、重量、助推器、发射平台均相同。不同的是弹头、发动机和制导系统。而BGM—109C"战斧"巡航导弹是一种多用途的战术对陆常规攻击导弹。1991年海湾战争中美军轰击伊拉克时，就是发射的这种导弹。它的显著特点是：（1）体积小，重量轻，便于各种平台携载。"战斧"导弹弹长6.17米（带助推器），弹径0.527米，翼展2.65米，采用重量为454公斤的高能半穿甲战斗部。一般水面舰艇可携载8～32枚。最多的可载100枚。B—52G轰炸机改装后可载20枚，B—1B改装后的DC—10可载50～60枚。改装后的波音—747可载70～90枚。地面的运输发射式车，每辆车载4枚，4台车为一个导弹连，可发射16枚导弹。（2）射程远，飞行高度低，攻击突然性大。"战斧"巡航导弹射程最远达2500公里，最近为450公里。导弹采用低空突防方式，在海面飞行高度为7～15米，平坦陆地为50米，山区和丘陵地带为100米以下，可随着地形的起伏自行调整飞行高度，利用地形地物作变轨飞行，有时可转90度弯，以避免防空兵器和雷达跟踪，极易造成攻击的突然性。（3）命中精度高，威力大。这种导弹的常规战斗部装药为454公斤，一艘舰艇要携载60～100枚，就相当于30架A—6B攻击机的载弹量。导弹的命中精度（圆概率误差）为30米。"战斧"巡航导弹采用了最先进的惯性导航和地形匹配技术，以及数字景象匹配区域相关器作为未制导。它基本上是一个控制计算机软件系统。事先通过侦察卫星和侦察飞机对预定攻击目标，以及导弹攻击目标沿途的主要段落地形地貌进行照相，制作成数字地图，输入电子计算机。导弹飞行时如偏离航向。计算机就会发出指令，使它回到预定轨道上来，最后击中预定目标。这是一项相当复杂的制导系统。海湾战争的实况表明，"战斧"巡航导弹的命中概率达98%，命中误差不大于9米。从电视上看到，后一枚导弹准确地穿入前一枚导弹炸开的楼口内爆炸，可见其命中率是相当高的。海湾战争开战的前5天，美军就发射了225枚"战斧"巡航导弹，给伊拉克造成了严重损失。（4）能最大限度地减少己方伤亡。"战斧"巡航导弹射程最远达2500公里，最近450公里，均在敌人火力射程之外发射，能在不损失任何驾驶员的情况下，对敌方特种目标进行有效攻击。

地地导弹

地地导弹是指从陆地发射打击陆地目标的导弹。按飞行方式分为巡航式导弹和弹道式导弹两种；按作战任务分为战略导弹、战役导弹和战术导弹3类。地地战术导弹可携带核弹头或常规弹头。为了打击坦克集群，还可以装一个母弹头带若干个子弹，而子弹头上带有动力装置和制导装置，在距地面200～500米高处，子弹头从母弹头中脱出，各自自动寻找目标进行攻击，主要打击坦克顶部装甲，一般杀伤面积为直径250～350米，最远的可达800米。

目前，人们关注最多的是苏联研制的"飞毛腿"B导弹。它是陆基机动发射单级液体地地战术导弹。导弹长11.16米，弹径0.88米，翼展

1.81米，起飞重量6300公斤，弹头常规装药时重1000公斤，核装药时为1万吨至100万吨TNT当量，装有触发式电引信，射程50～300公里，命中精度300米，从预测阵地发射时间为45分钟，从瞄准到发射为7分钟，采用惯式制导，发动机工作时间62秒，发射方式为车载地面发射。武器系统包括导弹和地面设施两大部分。导弹由弹头、仪器舱、燃料箱、氧化剂箱和动力舱段组成；地面设施主要有运输起竖发射车、大地测量车、指挥车、电源车、推进剂加注车、测试车、消防车等车辆。主要用于打击敌方机场、导弹发射场、指挥中心、军事设施、兵力集结地、交通枢纽等目标。

"飞毛腿"导弹是一种弹道式导弹，它的飞行轨道主要根据发射点的位置及目标的位置预先确定，飞行程序预先在弹上设置。导弹发射后。将按预先设置的程序进行飞行。在飞行中由弹上的捷联惯导系统和燃气舵来控制导弹按预定的轨道飞行，直至飞向目标。因此。"飞毛腿"导弹一经升空后，其飞行轨道是确定了的，不能变换。如果对方测得导弹某一点的飞行参数，即能计算出导弹飞行的轨迹，因此。容易被高性能的反弹道导弹拦截。再点是它的误差大，自身没有先进的雷达区域相关等制导方式，无法自动纠正已偏离的弹道，所以圆概率误差最大达1000米。

海湾战争中伊拉克使用"飞毛腿"B导弹，向沙特、科威特和以色列的城市攻击，共发射80枚，其中90%都被美国的"爱国者"地空导弹拦截。另有一些发射技术不过关和导弹的误差大，纷纷落入大海里和大沙漠上。尽管如此，伊拉克的"飞毛腿"导弹仍然对多国部队构成巨大的威胁，因为伊拉克存有大量化学武器和弹头。人们害怕他打化学战。所以，多国部队采取"地毯式"轰炸，目的是摧毁伊拉克的导弹发射架。

"飞毛腿"B导弹是苏联的第二代导弹，在20世纪80年代初期确实威风过一阵。1973年第四次中东战争中，埃及和叙利亚第一次使用前苏联制的"蛙"7和"飞毛腿"B导弹，发射28枚导弹，摧毁了以色列一个拥有上百辆坦克的装甲旅，曾轰动世界。1980～1988年两伊战争中，伊拉克于1982年10月27日向伊朗边境城市迪斯浮尔城发射一枚"飞毛腿"B导弹，炸死21人，伤100人。后来。伊拉克对"飞行腿"B导弹进行改装。缩小装药量，增大射程。经改装的"飞毛腿"B导弹，起名"侯赛因"和"阿巴斯"，装药战斗部由1000公斤，减为250公斤，射程由300公里增加到900公里。这两种新型的导弹的缺点是误差大，破坏力小。到80年代末，苏联的导弹已经发展到第五代了，"飞毛腿"B早已被淘汰。由技术性能更先进的SS—23导弹所取代。

地空导弹

　　地空导弹是指从地面发射攻击空中目标的导弹。又称防空导弹。按作战任务分为固定式、半固定式和机动式3种。按同一时间攻击目标数，可分为单目标通道和多目标通道两种，后者如美国的"爱国者"导弹，可同时制导数枚导弹，攻击多个目标。按射程可分为远程、中程和近程3种。最大射程超过100公里（射高30公里）的，称为远程地空导弹；最大射程在20～100公里之间（射高0.05～20公里以上）的，称为中程地空导弹；最大射程小于20公里（射高0.015～10公里）的，称为近程地空导弹。

　　第二次世界大战后，美、苏借鉴德国研制导弹的资料，开始研制和发展地空导弹。40多年来。地空导弹已发展到第四代。第一代是战后至20世纪50年代末研制的导弹，主要代表型为美国的"波马克"和"奈基"Ⅰ、Ⅱ型导弹，苏联的SA—1和SA—2。其特点是射程远，一般射程可达50公里，最远的达140公里，射高达30公里左右。缺点是体积大，机动性差，只能固定发射，对付中高空目标，而对低空、超低空飞行目标显得无力。第二代是50年代末至60年代末。这一时期地空导弹的主要代表型，在中高空、中近程地空导弹中，有美国的"霍克"和苏联的SA—3、SA—6；在低空、近程导弹中，有美国的"小椽树""红眼睛"和苏联的SA—7。另外，中高空、中远程导弹也有重大发展。前苏联的SA—6弹体长16.5米、弹径1.07米、翼展3.65米，发射重量1万公斤，射程250公里，成为当时弹体最大、弹径最大、翼展最大、发射重量最大、射程最远的一型地空导弹。这一时期地空导弹的主要特点是：机动性能好，反应速度快，出现了能对中低空、中远程和低空、近程目标进行攻击的导弹，基本形成了高中低空、远中近程的全空域火力覆盖。第三代是60年代末至70年代末。这一时期地空导弹的主要代表型，有美国的"毒刺"，前苏联的SA—8、SA—9，英国的"山猫""轻剑""吹管"法国的"响尾蛇"等。其主要特点是以防低空和超低空为主。第四代是70年代末以来。这一时期地空导弹的主要代表型，有美国的"爱国者""改霍克""罗兰特"，苏联的SA—12、SA—13，美国和瑞士联合研制的"阿达茨"，法国的"西北风"，英国的"轻剑"2000、"星光"，德国的"罗兰特"，法国的"夏安"，日本的81式和意大利的防空卫士。其主要特点是采用了相控阵雷达和先进的微电子技术，使地空导弹系统能跟踪和攻击多批目标，命中精度高。目前，全世界已有10多个国家具有研制和生产地空导弹的能力，有30多个国家和地区装备了地空导弹，共70多种。100多个型号在服役。

美国"爱国者"是第四代地空导弹的佼佼者。它是美国雷锡恩公司于1965年开始研制的新型全天候、多用途、机动式战术地空导弹，用于取代陈旧的"奈基Ⅱ"式地空导弹，1983年正式装备美国陆军。

"爱国者"导弹弹长5.3米，弹径0.41米，翼展0.87米，弹重906公斤，最大飞行速度3.9马赫。每个火力单元由4部分组成，包括1台指挥车，内有两名操作人员，负责敌我识别，制定作战方案以及监控作战等；1台雷达车；1台载有2部150千瓦发电机的动力车；8部车载式4联装导弹发射架，共有32枚待发导弹。

"爱国者"导弹能拦截地对地战术导弹，其主要特点是：

（1）跟踪、捕获目标的能力强。主要是因为它装备了AN／MPQ—53型相控阵雷达，这种雷达能同时担负搜索、识别、跟踪、制导和电子对抗等任务，能代替9部普通雷达。与使用多台单功能的地空导弹雷达系统相比，它捕捉目标的过程短、速度快、准确性高，作用距离远达160公里，能同时掌握100多批目标，跟踪8批目标，制导8枚导弹。

（2）导弹攻击范围大。"爱国者"导弹采用高能固体燃料火箭发动机，射程3至80公里，射高0.3至24公里，具备高中低空、远中近程攻击能力。

（3）抗干扰力强，制导精度高。"爱国者"导弹是为了对付在强电子干扰环境下的大规模空袭而设计的，采用的是复合制导方式，导弹发射后初段按预编程序飞行，中段按雷达指令前进，末段则根据目标反射的雷达波主动寻找目标。因此，不论遇到何种干扰，几乎都不影响它的命中精度，单发命中概率为91%。

（4）发射系统自动化程度高、反应快。作战时，它的每台发射车都可由指挥车通过无线电遥控发射，一旦捕捉到目标后，导弹在几秒钟就能发射出去。

海湾战争中"爱国者"拦截伊拉克"飞毛腿"导弹中，创造了惊人的业绩。1991年1月21日，伊拉克发射了10枚"飞毛腿"导弹，其中9枚遭"爱国者"拦截，成功率达90%，创造了导弹拦截导弹的世界纪录，被誉为"飞毛腿的克星"。"爱国者"能获得这样好的作战结果，除了导弹系统本身先进，如使用相控阵雷达、集搜索、监视、跟踪、制导于一体外，还应归功于卫星和预警飞机及时通报信息。"飞毛腿"导弹从伊拉克西部向以色列首都特拉维夫发射，飞行时间约为5分钟。但发射16秒钟后，运行于300多公里高空的地球静止轨道的美国DSP导弹预警卫星便紧急报警，带有高灵敏度红外扫描器的红外望远镜开始跟踪"飞毛腿"导弹的喷焰，同时进行跟踪拍摄，并把导弹飞行的轨迹和飞行速度、方向、弹道倾角及位置等向地面站传送。设在澳大利亚的美国空间指挥基地和设在美国的美国航空航天司令部同时收到DSP导弹预警卫星发送的"飞毛腿"导弹参数，经地面站计算之后，迅速将"飞毛腿"的飞行弹道及弹着点发往沙特的"爱国者"导弹发射阵地。阵地中心立即命令多功能相控阵雷达开机，搜索、捕获、跟踪、识别来袭导弹，结果，在100多公里处发现目标。根据相控阵雷达所测得的数据，经与卫星提供的数据进行相关比较和精确计算后，将拦截"飞毛腿"的最佳飞行弹道预置为操纵程序，输入"爱国者"导弹的制导装置，指挥中心命令"爱国者"发射。此时，因"飞毛腿"是战术弹道导弹，它的弹道是由预先设置在弹上的程序决定的，一经发射它的飞行弹道就不能再改变，只能做"爱国者"的靶标了。"爱国者"导弹以38°倾角升空，并按预置程度改变飞行弹道。同时，地面相控阵雷达继续跟踪"爱国者"，并根据其飞行状况适时发出指令，修正飞行轨迹。当"爱国者"进行末段飞行时，其弹上半主动"自动寻的头"开始工作，并将其捕捉到"飞毛腿弹道"参数反馈给地面指控中心。指控中心根据接收到的相对角偏差数据，经精确计算后，速将修正指令反馈给"爱国者"，控制"爱国者"飞向目标。当"爱国者"与"飞毛腿"间的距离达到20米（杀伤半径）时，弹上的无线电近炸引信即引爆战斗部，以破片摧毁"飞毛腿"。上述过程。从发现目标到发射"爱国者"导弹是在1分钟时间内完成的。

岸舰导弹

岸舰导弹是从岸上发射攻击水面战船的导弹。亦称岸防导弹，是海军岸防兵的主要武器。岸舰导弹多配置在沿海重要地段上，如海港、海峡等重要地域和通道。岸舰导弹和舰舰导弹差不多，大部都是由舰舰导弹改装而成。主要区别是发射不同，通常为固定式和机动式。固定式是将导弹置在坚固的工事内，采用固定发射，有固定的射击区域。这种固定式发射场，有利于导弹的隐蔽攻击能力和生存能力。较多的是采用车载机动式。岸舰导弹射程一般为40～200公里之间、最远的可达500公里，飞行速度为高亚音速。与海岸炮相比，岸舰导弹射程远，精度高，破坏威力较大。

潜地导弹

潜地导弹是由潜艇在水下发射攻击地面固定目标的导弹。用潜艇发射导弹，其机动性大，隐蔽性好，生存能力强，便于实施核突击，是战略核武器的重要组成部分。因为核潜艇一旦下潜，可连续在水下活动3个月不上浮，可任意在世界各大洋游弋，不需添加燃料，不易被敌方摸清行踪，在岸上核基地被摧毁后，潜艇仍能对敌人实施突然的核打击，而且可以打完就走，即使具有现代最先进的反舰技术，核舰艇的生存能力也能达90%以上。所以，各大国都竞相发展潜艇和潜地导弹。美国从20世纪50年代中期开始研制潜地弹道导弹，已研制成功"北极星""海神""三叉戟"3个系列6种型号的潜地弹道导弹。到60年代中期，"北极星"已经退役。1971年开始装备"海神"导弹，主要装备"拉裴特"级核潜艇。"海神"总长10.36米，总重29.5吨，射程4600公里，圆概率误差560米，分导弹头数量为10个，导弹威力为50万吨。1988年"三叉戟"ⅡD5型导弹开始服务，首次装备"田纳西"号核潜艇，每艇装24枚。"三叉戟"Ⅱ型导弹射程11000公里，圆概率误差90～120米，分导弹头14个，是目前世界上射程最远，命中精度最高，分导弹头最多。性能十分先进的潜地弹道导弹。苏联在80年代中后期，分别装备了SS—N—20和SS—N—23，这是苏联性能最先进的潜地导弹。其中SS—N—20导弹全长达15米。起飞重量约60吨，三级火箭推助，分导弹头为6～9个，最大射程为8300公里。圆概率误差为500～560米。英、法等国也都跻身于核大国之列，并装备了具有先进水平的潜地导弹。

潜地导弹分为弹道式导弹和巡航式导弹两类，多装有核弹头，属战略核武器的一支重要力量。根据需要，也有装普通炸药的弹头，即属于潜地战术导弹。潜地弹道导弹多用固体火箭发动机作为动力，采用惯性制导或天文惯性制导，携带核弹头。弹头有单弹头、集束式多弹头和分导式多弹头，爆炸威力为数万吨至百万吨TNT当量，射程为1000～10000余公里。导弹装在潜艇中部的垂直发射筒内，每筒装1枚，每艘潜艇一般有12～14个发射筒。发射时，潜艇一般在水下30米深。以2节的速度航行。导弹靠燃气蒸汽或压缩空气弹出艇外，导弹出筒后，在水中上升，出水前或出水后，导弹发动机点火，按预定弹道射向目标。而潜地巡航导弹的发射则有所不同。它通常用空气喷气发动机，惯性加地形匹配复合制导，而且携带核弹头的威力较高。该导弹借助于潜艇内的鱼雷发射管发射或专用发射筒发射，当导弹出水升到一定高度时，弹翼自动张开，火箭推助器脱落，空气喷气发动机工作，使导弹转为水平巡航飞行。

　　导弹发射后，潜艇的稳定性会受到影响，失去平衡。这时必须向发射筒内灌注海水，以弥补部分弹重，同时潜艇的均衡水柜也抽水弥补均衡，保持潜艇的稳定性。另外，导弹发射时产生的坐力，也往往使潜艇下沉一段距离，一般下沉三四米深，对潜艇没有多大影响。

舰舰导弹

　　舰舰导弹是从水面舰艇发射攻击水面舰船的导弹，是舰艇的主要攻击武器之一。舰舰导弹的战斗部有聚能穿甲型、半穿甲型和爆破型，可采用普通装药或核装药，配有触发引信和非触发引信。射程一般为40公里左右，当导弹靠外界提供信息，进行中继制导时，射程可达数百公里。其飞行速度多为高亚音速，也有超音速的。舰舰导弹的固体火箭推助器用于助推火箭起飞，爬高升空后脱落，然后靠火箭发动机的动力继续飞行。飞行弹道分自控段和自导段。在自控段由自动驾驶仪（或惯性导航仪）和无线电高度表控制，使其按预定弹道飞行。在自导段由自导装置（主动雷达或红外导引仪等）和自动驾驶仪（或惯性导航仪）协同工作，使其导向目标。

　　舰舰导弹和舰炮相比，射程远，命中率高，威力大，但易受干扰。苏联研制的"冥河"舰舰导弹，1960年装备海军，作战目标以大中型水面舰艇为主，属近程亚音速巡航式舰舰导弹。最大射程为422公里，巡航高度为100～300米，巡航速度为0.9倍音速，弹长6.5米，弹径0.76米，发射重量为2500公斤。它是最有威望的导弹，在不受电子干扰的情况下，实践命中率较高。但由于其飞行高度高，速度低，易于被火炮击毁，加上没有抗干扰措施，不适应当前电子战环境的需要。1967年10月21日，即第三次中东战争期间，埃及使用"蚊子"级导弹艇发射SS—N—2舰舰导弹，击沉了以色列的"埃拉特"号驱逐舰。这是舰舰导弹击沉军舰的首次战例。

舰空导弹

舰空导弹是从舰艇发射攻击空中目标的导弹，是舰艇主要防空武器之一。按射程分为远程、中程、近程3类；按射高分为高空、中空、低空3类；按作战使用分为舰艇编队防空导弹和单舰艇防空导弹。

舰空导弹的主要特点是：（1）它能对来袭的飞机和导弹，尽快地组织反击。舰队区域防空导弹的反应时间为20～30秒，单舰点防空导弹的反应时间为6～8秒。（2）导弹飞行速度快。舰队区域导弹防空飞行马赫一般为2.5～3；单舰点防空型导弹为1.5～2.5。（3）发射装置灵活多样。一般采用双联、4联和8联装发射装置。近年来多采用垂直发射，可多枚齐射，不用瞄准即可垂直向上发射。一般可同时发射16～32枚，最多的可达61枚。（4）制导方式多，精度高。舰队区域防空导弹多采用半主动雷达制导，有的也采用复合制导，从而提高了对付多目标的能力。（5）战斗部破坏效能高。舰空导弹战斗部和装药重量，区域防空式导弹战斗部为30～120公斤，点防空导弹为15～30公斤。大多灵敏导弹还装有非触发式近炸引信和预制破片式杀伤型战斗部。这样，对飞机和导弹的杀伤距离分别为7～10米和3～5米。

从20世纪50年代起到目前为止，舰空导弹已发展了3代。其中舰队区域防空导弹发展了15个型号；单舰点防空导弹发展了12个型号，估计已有35个国家的600艘各类舰艇，装备了舰空导弹。第一代航空导弹主要攻击目标是飞机。所以导弹多为区域性防空导弹，射程一般控制在50和20公里，单点防空导弹射程为5～15公里，射高分别为0.03～20公里和3公里左右。代表型号有美国的"小猎犬""黄铜骑士"和"鞑靼人"；苏联的SA—N—1、SA—N—2、SA—N—3；英国的"海参"和"海猫"。第二代舰空导弹是60年代末至70年代末服役的。这个阶段的舰空导弹向两极发展：舰队区域型防御型导弹继续增大射程，以覆盖全空域、全高度，单舰点防空导弹则大批量研制和生产，以对付低空、超低空飞行的目标。代表型号有美国的"标准"1型，英国的"海标枪"和法国的"玛舒卡"。其中单舰点的代表型号有美国的"海麻雀""契姆普"，苏联的SA—N—4、SA—N—5，英国的"海狼""斯拉姆"，法国的"海响尾蛇"和意大利的"蝮蛇"。其中射程最远的是"海麻雀"，1～18公里；射高最高的是SA—N—4，6000米；速度最快的是"海麻雀"和"蝮蛇"，飞行马赫数为2.5；发射重量最重的是"蝮蛇"，220公斤；弹体最长的是"蝮蛇"，3.7米，战斗部重量最重的是SA—N—4，4.40公斤。第三代舰空导弹是70年代末发展起来的。这一代舰空导弹反应时间短，命中精度高，飞行速度快，覆盖范围广，抗干扰能力强，大部实行了垂直发射，除能打击飞机和拦截反舰导弹外，还具有打击水面舰船的能力。主要代表型号，区域防空导弹中，美国的"标准"—Ⅱ可称为佼佼者，它最大射程96～110公里，最大射高24.4公里，飞行马赫数2.5～3，弹长8.23米，战斗部重61公斤，可同时对付多个目标。而单舰点防空导弹中，射程最远的是苏联的SA—N—9，15公里；拦截距离最近的是法国的"萨德尔"，300米；飞行速度最快的也是"萨德尔"，马赫数为2.6；弹体最长的是SA—N—9，3.5米。反应时间一般已缩短到5～8秒。

空地导弹

空地导弹是由飞行器上发射的攻击地面目标的导弹，是航空兵进行空中突击的主要武器之一。包括反舰导弹、反雷达导弹、反坦克导弹、反潜导弹以及多用途导弹。按作战使命分为战略空地导弹和战术空地导弹。

战略型空地导弹是专门为轰炸设计的一种远程攻击型武器，主要有机载洲际导弹、空射巡航导弹和一般战略导弹。多采用自主式或复合式制导，最大射程可达2000多公里，弹重在10吨以内，速度可达3倍音速以上，通常采用核战斗部。如美国1981年装备使用的AGM—86B战略巡航导弹，发射重量1450公斤，射程2500公里，飞行速度每小时885公里，核弹头当量达20万吨TNT。它主要由B—52轰炸机携载，每机装12枚。这种导弹射程远，采用惯导加地型匹配制导，命中精度高。

战术空地导弹的动力装置，一般采用固体火箭发动机，制导方式多采用无线电指令、红外、电视、激光或雷达寻地制导。射程多在100公里以内，弹重数十至数百公斤，采用常规战斗部。这种导弹的种类最多，装备数量最大，实战中应用最广。海湾战争中双方展示的空地导弹主要有以下几种型号：

"小牛"空地导弹"小牛"是美国休斯飞机公司为美国空军、海军和海军陆战队研制的空地（舰）导弹，代号为AGM—65，用于攻击地面和水上目标，包括车辆、导弹与高炮阵地、防御工事，桥梁、指挥所、雷达、舰艇等。这种导弹已有6个型号，组成"小牛"导弹系列，各型的主要区别在于引导头和战斗部不同。主要战术技术指标为；弹长

2.49米，弹径305毫米，翼展720毫米，发射重量A、B、D型210公斤，C、E型299公斤，F型306公斤。制导方式，A、B型为电视制导，C、E型为半主动激光制导，D、F型为红外成像制导，射程为0.6～48公里，速度为1马赫。

经过1100多次实弹射击和100多次实战表明，"小牛"导弹抗干扰性好，可靠性高。可装备在F—5、F—111、A—6、A—10"阿尔法""狂风"等作战飞机上。一般战术飞机可携带6枚"小牛"导弹。

"斯拉姆"空地导弹 AGM—84型"斯拉姆"导弹是美国麦道武器系统公司专为海军舰载机执行"外科手术"式攻击任务而研制的一种机载远距离空地导弹，是"鱼叉"反舰导弹的改型，1988年11月交付美国海军，1990年初正式列装。

"斯拉姆"导弹弹长4.49米，弹径34.3厘米，重628公斤，射程约90公里，误差不超过10米。这种导弹采用了"鱼叉"导弹的结构、发动机和控制系统，并采用了"小牛"空地导弹的改型热成像红外寻的器和"白星眼"空地导弹的数据链以及全球定位系统处理机。

"斯拉姆"导弹的特长是能实施远距离攻击。携带这种导弹的舰载攻击机可在敌地空导弹防区以外发射导弹，导弹一旦射出，飞机便可调头撤离目标区，机上人员只需在导弹飞行末段控制导弹，锁定目标（或由另一架飞机实施控制），导弹引导系统可自动引导导弹命中目标。首先装备"斯拉姆"的是海军的A—6攻击机和F／A—18战斗攻击机。1991年1月18日。海湾战争爆发的第二天，两架载有"斯拉姆"空地导弹的美国海军A—6E"入侵者"舰载重型攻击机和1架A—7"海盗"舰载轻型攻击机，从红海的"肯尼迪"号航空母舰上起飞，执行摧毁伊拉克发电厂的任务。接近目标后，前一架飞机首先发射了一枚"斯拉姆"导弹，把坚固的厂房炸出一个直径10米的大洞，2分钟后，另一架飞机发射的第二枚"斯拉姆"导弹，竟从第一枚导弹炸开的大洞口穿入厂房内部爆炸，将电站彻底摧毁。

"AS—301"空地导弹这种导弹是法国研制的一种激光制导的空对地导弹。该弹1973年开始研制，1976年开始飞行试验，1983年正式投产，到1984年底已生产近400枚，装备"美洲虎"飞机。导弹最大射程10~12公里，最小射程3公里，飞行速度1.5马赫，发射高度50~1000米，命中精度0.5米，弹长3.65米，弹径0.342米，翼展1米，发射重量520公斤，动力装置为一台固体助推器和一台固体主发动机。载机到达目标区后，驾驶员借助电视摄像机搜索识别目标，选定目标后就启动自动跟踪器跟踪目标并用激光照射器照射目标。当弹上导引头接收到目标反射回来的激光并稳定地跟踪目标后，就可发射导弹。

空舰导弹

空舰导弹是从飞行器发射攻击舰船的导弹。空舰导弹一般以火箭发动机或空气喷气发动机为动力装置，采用寻的制导或复合制导，能有效地搜索和捕捉目标。战斗部常用普通装药，也有用核装药的。速度多为跨音速或超音速，射程一般为数十公里，最大可达数百里，可在被攻击舰船的防空武器射程外发射。其弹道变化范围大，当末段弹道为水平飞行时，其高度可根据战术需要预先设定，也可掠海面飞行，攻击舰船水线附近的部位，使被攻击的舰船较难组织有效的抗击。

20世纪70年代以来，反舰导弹的发展出现了一个高峰。进入80年代，反舰导弹的技术性能又有很大提高，总的趋势是朝着体积小，穿甲能力强，反应时间短，可掠海飞行，抗干扰方向发展。如：

法国的"飞鱼"AB39反舰导弹，已装备了"幻影"2000、"超军旗""超黄蜂"等战斗机和直升机。该导弹攻击目标为中型水面舰艇、巡逻快艇。最大射程为70公里，最大速度为0.93倍音速，弹重625公斤。采用半穿甲爆破型的战斗部，同时兼有破片杀伤能力，命中一发，便可使90米长、10米宽的战舰丧失战斗能力。它采用惯性导航加主动雷达导引头制导系统。导弹在自控段采用惯性导航，在自导段采用主动雷达导引头实施末段制导。导弹发射前，机械设备将目标数据输送给导弹计算机。发射后，导弹上的惯导系统将导弹引向目标，当导弹与目标之间的距离等于零时，发出引爆战斗部的命令。"飞鱼"AN—39弹长4.7米，弹径0.35米，具有较好的掠海飞行能力。体积小，重量轻，精度高，而且具有"发射后不用管"的优点。

1982年4月～6月英阿马岛争夺战中，阿根廷用"飞鱼"导弹击沉了英海军最现代化的4200吨级的导弹驱逐舰"谢菲尔德"号和1万多吨的辅助船"大西洋运送者"号，并重创"格洛摩根"号驱逐舰。1983年11月21日，伊拉克飞机在波斯湾发射"飞鱼"导弹，击沉希腊12550吨级的货船"安提哥那"号。1987年5月17日，在波斯湾海战中，伊拉克空军的一架"幻影"F—1战斗机发射2枚"飞鱼"导弹，攻击美国"斯塔克"号导弹护卫舰。结果，一枚导弹击中该舰左舷首部，撕开一个3×4.6米的大洞，舰艇被重创，炸死炸伤37人。因第二枚导弹未装引信，虽然击中但没爆炸，"斯塔克"号带伤逃走。"飞鱼"导弹由此而声名大振，身价百倍。售价一涨再涨，由原来的20万美元增到100万，又涨到150万。用户由原来的不足10个，一年的时间增加到27个。"飞鱼"的袭击能够成功，有许多因素。就其本身性能而言：一是它能掠海飞行，在接近目标时的飞行高度只有2～3米，舰载雷达很难发现它；二是它采用了半穿甲战斗部。"飞鱼"接触舰艇后先以动能穿透舷部薄钢板，穿入舰办舱室数毫秒后战斗部再引爆，所以虽装药不多，但破坏效能很大；三是抗干扰能力强，捕捉到目标后，立即转入跟踪。但是，到80年代末，"飞鱼"导弹的技术性能已不是最先进的了。

"鱼叉"AGM—84A空舰导弹是美国研制的全天候，远距，空中发射的反舰导弹。它能掠海飞行，飞行最大速度为0.85倍音速，攻击远距离目标，尤其能够对付驱逐舰和导弹快艇，以反击对海上供应线安全构成威胁的舰只，并可攻击大型海上目标。"鱼叉"，AGM—85A导弹采用主动雷达制导和高性能穿甲爆破战斗部。弹长3.84米，弹径0.343米，弹重522千克。该导弹可低、中、高空发射。发射后，导弹下降进入掠海飞行高度，由中段制导装置和雷达高度表控制。当导弹飞到一定距离时，导引头开始搜索目标，一旦截获，立即跟踪，转入末段制导，并在一定距离时导弹突然爬升，迅速飞向目标，战斗部穿入目标后爆炸。

在现代海战中，一些小型的舰艇的作用也不容忽视，如导弹艇、鱼雷艇、炮艇等。由于这些艇体小轻快，机动迅猛，容易攻击别人，而别人很难打到它。特别是在近海防御型海战中，它可以采用集群式攻击战术，这对大中型艇艇也是个不小的威胁。但用"飞鱼""鱼叉""冥河"之类装有较大战斗部的导弹去打击小艇，似以大炮打苍蝇——划不来，所以，一些国家专门研制了一种攻打小艇的空舰导弹。如英、法、意等国的"海鸥"和"火皇"等。这些导弹的弹体很小，有的只有2.3米长，100公斤，战斗部只有25公斤，射程较近，只有15～20公里，装备到直升机上以攻击小艇，完全可以在小艇雷达视距之外发射，既有效又安全，经济上也合算。1982年5月23日夜，英阿马岛战争中，在南大西洋佐治亚岛附近海域，一架"山猫"直升机，从英国海军"格拉斯哥"号导弹驱逐舰上起飞，以7秒钟的时间连续发射2枚"海上大鸥"空舰导弹，击沉阿根廷"M·索布拉尔"号巡逻艇。1991年海湾战争中，为了摧毁伊拉克几十艘小艇，美军舍不得用"鱼叉""战斧"等大型导弹，又调用了英国的"海上大鸥"一气将伊拉克导弹艇击沉14艘，命中率达98%以上，而"山猫"安然无恙。

空空导弹

空空导弹是从飞行器发射攻击空中目标的导弹，是歼击机的主要空战武器，也用作歼击轰炸机、强击机的空战武器。分为近距格斗导弹、中距拦射导弹和远距拦射导弹。

近距格斗导弹多采用红外寻的制导，射程在10公里左右，主要是在近距交战中攻击敌方的战斗机，也能攻击视距以外的目标，具有较高的机动能力。如美国的"响尾蛇"AIM—9L近距格斗导弹，属被动式红外制导空空导弹。其攻击目标为散发红外线的发动机尾喷管，攻击方式是尾后追击。弹长2.87米，弹径0.127米，弹重约86公斤，体积小，重量轻，结构系统简单，成本低，采用连杆式破片杀伤战斗部。最大航速2.5倍音速。1981年地中海空战中，美国的F—14战斗机发射2枚"响尾蛇"空空导弹，击落2架苏—22飞机。1982年英阿马岛空战中，美国的"海鹞"发射27枚"响尾蛇"导弹，其中24枚命中阿根廷"幻影"战斗机。1982年。以色列和叙利亚空战中，以色列的F—15、F—16飞机发射"响尾蛇"AIM—9L击落多架叙利亚米格—21和米格—23歼击机。80年代中期以后，英国和德国共同研制的AIM—132先进近距空空导弹（ASRAAM）则具有离轴发射能力、分辨能力强、机动能力大、能全向攻击多目标的能力。

中距拦射导弹多采用半主动雷达寻的制导，射程一般为10～50公里之间，用于对付超低空入侵的战斗机和巡航导弹。其特点是射程大、机动性好、具有下射能力，有的还具有全方向、全高度和全天候能力。如美国的"麻雀"AIM—7F和7M，苏联的AA—7和AA—9，英国的"天空闪光"，法国的"玛特拉"超530和F、D型等。"麻雀"ⅢB空空导弹AIM—7F是美国研制的"麻雀"系列空空导弹中的一种。1967年开始研制，1977年投产，是"麻雀"系列导弹中改进较大的一种。该导弹弹长3.66米，弹径0.203米，采用脉冲多卜勒兼连续波半主动雷达制导。由于脉冲多普勒雷达既能测距。又能测速，有较好的低空性能和下视能力，因此将它装配在具有下射下视能力并能及早发现低空目标的F—15战斗机，整个系统的性能将更加提高。该导弹飞行速度为2.5～4倍音速，战斗部为高能炸药破片式，杀伤范围为20米，可以中距拦射超音速轰炸机，并能对付低空掠海面飞行的空舰导弹。

远程拦射空空导弹多采用复合制导，射程一般在40～50公里上，最远的可达160公里，可以对付超高空几十公里到超低空几十米的空中目标，可以用于战区防空和遮断任务。既能尾追，又能追击；既能向上发射，又能向下发射；既能单枚发射攻击单个目标，又能多枚齐射攻击多个不同的目标。如美国的F—14战斗机，可携带6枚"不死鸟"AIM—54远距拦射导弹，在数十秒钟内，可将全部导弹发射出去，分别攻击100公里以外的6架敌机。

反雷达导弹

反雷达导弹是利用敌方的电磁波辐射进行导引，摧毁敌方雷达及其载体的导弹。亦称反辐射导弹。一般战术导弹都是采用主动寻的方法导向目标，最后将其摧毁。反雷达导弹则不同，它是利用对方雷达的电磁辐射，来搜索、跟踪和摧毁目标。即以被动探测方式来摄取目标的电磁频谱，然后"顺藤摸瓜"，将其摧毁。

从20世纪50年代末开始研制第一代反雷达导弹，到目前为止，已发展了10多个型号，进入第三代。代表型号有美国的"哈姆"和"默虹"，英国的"阿拉姆"，法国的"阿玛特"和苏联的AS—9。在海湾战争中，电子战一直贯彻始终。多国部队始终把伊军的指挥通信中心和雷达作为干扰和轰炸的重要目的。1991年1月17日，"沙漠风暴"开始之前，多国部队首先出动电子干扰飞机使用大功率电子干扰器，压制伊军战略防空雷达体系，同时诱使伊拉克防空导弹部队打开雷达，这时，F—4G型鬼怪式战斗机发射"哈姆"反雷达导弹。摧毁了伊拉克地空导弹部队雷达，或迫其关机，使伊军导弹部队变成了"瞎子"。与此同时，强大的攻击机群向伊拉克地面目标发起猛烈的攻击。由于对伊军全面实施电子压制，保障了多国部队空袭作战的顺利实施。参加第一轮轰炸任务的700架飞机，无一损失，全部安全返航。在地面进攻阶段，由于把伊军的警戒雷达和射击指挥雷达作为重点干扰和摧毁目标之一，从而使伊军部队指挥失灵，相互失去联系，撤退混乱不堪，战斗力无法得到有效发挥。在42天战争中，多国部队共发射了1000多枚反雷达导弹，摧毁伊军95％以上的雷达和电子设备，使50多个地空基地处于瘫痪状态，对确保己方空中兵力的生存能力和提高空袭作战效能发挥了极为重要的作用。

既然反雷达导弹是利用敌方雷达辐射的电磁波来发现、跟踪和摧毁敌目标的武器，那么，一旦发现雷达导弹来袭时立刻关闭雷达，不就可以躲过灾难吗？这个战术在60年代战争中曾使用过，对"百舌鸟"反雷达导弹确实发生过作用。但是，到了80年代，这一招也不灵了。1986年3月24日，美国海军A—6E舰载攻击机摧毁利比亚锡德拉湾的地面雷达站时，就碰到了这种情况。该机携有2枚"哈姆"反雷达导弹，当第一枚发射之后，利比亚的"萨姆"与地空导弹雷达站发现有导弹来袭，指挥官命令雷达立即关机，一个雷达站因时间来不及关闭，已被摧毁。而另一个雷达站关机2分钟后，也被"哈姆"导弹摧毁。什么原因呢？原来"哈姆"反雷达导弹采用了一项新技术,使它具有很宽的覆盖范围,能覆盖和识别所有已知的辐射源频率,并能选择其中任何一个辐射源进行攻击。它设有识别装置,不会上假目标雷达的当。它还有记忆装置,只要敌地面雷达开过机,它所辐射的电磁波便可被导弹接收机接收,据此推算该雷达的方位、距离,并将推算数据存入记忆装置。经数据处理后,变成控制指令,锁定目标,即使目标永远关机,它仍能击中目标。

另外,英国新研制的"阿拉姆"反雷达导弹,也采用了一种新技术,能根据目标雷达参数和特征重新编程。还能在空中守株待兔,待机攻击。导弹上带有一个降落伞,在攻击时,如遇目标雷达关机,"阿拉姆"立即关闭自己的发动机,打开降落伞,在空中待机。目标雷达重新开机后,便立即脱开降落伞,向目标猛然袭击,将目标雷达彻底摧毁。

反弹道导弹

反弹道导弹是拦截敌方袭来的战略弹道导弹的导弹。装弹头,一般是地下井内发射,是防御核导弹袭击的战略性武器。

反弹道导弹是在地空导弹的基础上发展起来的。20世纪50年代,弹道导弹出现以后,美苏等国就开始研究反弹道导弹问题。到目前为止,美国已发展了两代反导系统,第一代为"奈基—宙斯"系统,第二代为"卫兵"系统。苏联于1964年研制出ABM—1高空拦截导弹,并于1967年开始组成莫斯科反导防区。

美国"奈斯—宙斯"反导系统是由射高100~160公里的拦截导弹与截获、识别、跟踪、引导四部脉冲体制机械扫描雷达,以及指挥控制中心和数据处理设备等组成。其作战过程是:目标截获雷达根据远程导弹预警系统提供的预警信息进行搜索，一旦捕获目标，数据处理设备立即将处理后的信息传递给指挥控制中心，由它指示目标识别雷达进行识别，是真弹头还是假弹头，当确认是真弹头时，目标跟踪雷达立即接替进行跟踪。同时，数据处理设备适时计算出真弹头的弹道、拦截点和拦截导弹相应的发射时间。指挥控制中心适时发出拦截导弹的发射命令。拦截导弹发射后，由引导雷达跟踪并将数据传给指挥控制中心。后者根据来袭弹头和飞行导弹的飞行参数，及时给拦截导弹发出制导命令。将它引导至拦截点，适时引爆弹头摧毁目标。但这种专用保卫大城市的面防御反导系统，识别真、假能力差，又难于对付多弹头导弹。

美国于70年代研制成的"卫兵"系统，属第二代反导系统。"卫兵"的特点是采用高、低空两种拦截导弹进行双层拦截。高空拦截导弹"斯巴达人"最大射程640公里，可在大气层内，在10～20秒时间内，摧毁高空拦截漏防的导弹。主要用于保卫"民兵"洲际导弹基地。一枚射程1万公里的洲际弹道导弹，从发射到命中目标，需要30分钟，而反弹道导弹只用几分钟就完成全部工作。所以，反导效率较高。

目前，弹道导弹突防技术迅速发展，出现3分导式多弹头，机动式多弹头。这样，反导系统就很难适应。而且，现代的反导系统，生存能力低，代价太高。不能根本解决反导技术面临的难题。所以，美苏都限制大规模部署这种武器，并签署了《苏、美限制反弹道导弹系统条约》。80年代以来，美、苏两国正在探索发展反弹道导弹的新技术和新途径。1983年10月，美国制定了"星球大战"计划，初步设想的反导系统，是采用多层次、多种手段和以地面、空中、空间为基地的系统。以高能激光、非核拦截导弹、中性粒子束和电磁炮为拦截武器。

反坦克导弹

反坦克导弹是用于击毁坦克和其他装甲目标的导弹。自第二次世界大战结束以来，已经发展到第三代，每一代的出现在技术性能方面都有新的突破，越来越成为现代战争中的一项重要武器。

第一代反坦克导弹是20世纪50年代至60年代服役的导弹。这一代反坦克导弹是在第二次世界大战末期，德国研制的X—7（俗称小红帽）反坦克导弹基础上发展起来的。1953年，法国研制成有线手控制导的反坦克导弹，60年代，同类型的反坦克导弹在联邦德国、美国、瑞典和苏联相继问世。代表型号有法国的SS—10、SS—11、SS—12，联邦德国的"眼镜蛇"，日本的"马特"，英国的"摆火"。苏联的AT—1、AT—2和AT—3。第一代反坦克导弹大都采用手控有线制导，射程在500～6000米之间。这种制导方式非常简单，即在导弹尾部拖一根制导线，导弹发射后，制导线从射手的控制盒中拉出，一头连在导弹尾部，另一头连在射手的控制盒。射手通过望远镜观察，瞄准镜、导弹和目标是否在一条直线上，如三点成一线，即可准确命中目标。如导弹有偏离，射手则扳动控制盒中的4个手柄，使之向上、向下、向左、向右，使导弹进入正确轨道，直至命中目标。这种制导方式，由于受人工技术熟练程度制约很大，所以命中概率不很高，一般在60％左右。

第二代反坦克导弹是60年代至70年代服役的导弹。主要代表型号有苏联的AT—4、AT—5、AT—6，美国的"陶"、"龙"，法国的"哈喷""阿克拉"，联邦德国的"毒蛇"，法德联合研制的"米兰"、"霍特"、日本的KAM—9。其中性能最好的是"陶"，射程为65～3750米，飞行速度为350／秒，弹径152毫米，弹长1178毫米，翼展340毫米。而弹重最重的是"霍特"导弹，21.8公斤，翼展340毫米。破甲能力最强的也是"霍特"达800毫米。这一代反坦克导弹的主要特点是采用了管式发射，光学跟踪，红外半自动有线制导，飞行速度提高了一倍，机动性增强，可以车载或机载，命中概率达80%～90%。第二代反坦克导弹，其发射制导设备除瞄具外，还有红外测角仪、指令计算机和发射架。导弹发射时，射手只需将瞄准镜的十字线对准目标就行，不必再去观测导弹飞行情况。目视观测导弹的工作由红外测角仪所代替。红外测角仪通过接收弹尾红外辐射源提供的信息，自动测出导弹对瞄准线的偏差。指令计算机根据偏差算出制导指令，经导线传给导弹，控制导弹击中目标。这一代反坦克导弹比起第一代导弹，简化了发射手续，自动化程度也有所提高。但导弹尾后仍需拖着一根导线，射手发射导弹后，仍需原地不动进行制导，增大了伤亡的危险。

第三代反坦克导弹是80年代后服役的导弹。主要代表型号有美国的"陶"2、"陶"3、"狱火"，"坦克破坏者"等。其特点是导弹采用了激光、红外、毫米波等先进的制导方式，彻底抛弃了那根用以制导的导线，从而使导弹发射后不用管，可自动导向目标。既可以车载又可以机载，大大提高了机动能力。采用激光制导方式，即跟踪测量系统在导弹命中坦克之前，始终用激光器发射出的激光束瞄准坦克，坦克接受激光照射后必然产生一种激光辐射，导弹装置可自动测定其偏离波束中心的角度和方向，并使导弹基本处于波束中心，直至命中目标。

还有更先进的导引手段，即毫米波自动导引。毫米波是指波长相当于10～1、频率30～300千兆赫的一种电磁波。把导弹寻的头做成毫米波被动导引式，当坦克出现时，坦克的反射性较高，而大地的自然地形反射性较低，导弹寻的头的毫米波就会感受到这种差别，自动地向反射性较高的坦克冲击，摧毁目标。此外，红外成像制导也具有导弹放射后不管的功能。它利用坦克所辐射的热量与大地背景不同的差别，让导弹被动探测和跟踪，直至摧毁目标。

现代战争中反坦克的手段很多，一般地说，综合利用，才能收到明显效果。首先可进行远程攻击，动用反坦克飞机、反坦克直升机、多管火箭炮、榴弹炮等，从几十公里以外进行轰击。同时，也可进行中近距离攻击，调动坦克、反坦克导弹发射车、自行反坦克火炮等实施阵地打击。再近一些，可用反坦克火箭筒和枪榴弹以及反坦克手雷进行近距离打击。总之，要实行远、中、近程紧密结合，空、地一体高度协同的攻击。1991年海湾战争中，多国部队就是采取了这样一种武器配系。在42天的战争中，空袭就占了38天。伊拉克虽然构筑了大量的反坦克工事，号称攻不破，打不烂，炸不垮的"萨达姆"防线。但地面战斗不到100小时，多国部队就击毁和缴获伊拉克4000辆坦克，占前线部署总数的93%；摧毁其装甲车1800余辆，占前线部署部署的60%；摧毁各型火炮2140门，占前线部署总数的69%。

军用卫星

在世界各国发射的航天器中，军用卫星的数量居首位，约占三分之二以上。其中大部分属人造地球卫星，包括侦察卫星、通信卫星、导航卫星、测地卫星、气象卫星和反卫星卫星等。载人飞船、航天站和航天飞机，仍是军民合用，尚未发展成专门的军用载人航天器。

军用卫星的研制和投入使用，对现代战争产生了重大影响。战场将是空地一体、海地一体的立体化战场；战场的分布高度，从太空、中高空、中低空、超低空到地面（海面）直至水下。作战将是在高技术武器装备的支撑下，以"空地一体战"作为作战的主要形式。战场空间日趋立体，战场范围日趋广大，前方后方难以区分，战况形势急剧多变，战争消耗越来越增大。

1991年的海湾战争，就是20世纪80年代的高科技战争。据统计，为海湾地区多国部队军事行动服务而调用的军事卫星至少有32个，涉及美国的12个军事卫星系统，还有少数民用卫星，包括辛康通信卫星、陆地卫星等。英国提供了天网4型军用通信卫星，法国提供了斯波特商用遥感卫星。美国调用的军事卫星有：通信卫星、导航卫星、电子侦察卫星、照相侦察卫星、海洋监视卫星、导弹预警卫星及气象卫星。这些卫星所采集的大量信息，通过通信卫星传送到美国本土地面处理中心处理后，把发现目标及伊军坦克部队的集结、导弹发射场的活动等情报，以图像形式发送到多国部队在沙特阿拉伯的指挥中心，整个过程只需10～60分钟左右。这些情报为决策机构的制订正确的军事措施创造了良好的条件。多国部队空袭伊拉克首都巴格达时，伊拉克大部分雷达都遭受强烈干扰，雷达荧光屏上还出现大量假目标，甚至连巴格达电台的广播都听不清。多国部队的飞机、巡航导弹如入无人之境，指哪打哪，使巴格达顿时陷入一片火光之中。而伊拉克的导弹和飞机竟然在遭到轰炸几十分钟后，仍毫无反应。巴格达在遭空袭后40分钟才实行灯火管制。这次卓有成效的空袭，军用卫星发挥了重要作用。其实，美军在空袭前几个月，就已通过电子侦察卫星及照相侦察卫星收集了大量军事情报，掌握了伊拉克所有的无线电信息，并把这些信息输入计算机、进行处理，制定了极其精确的作战计划。

多年来。由于美国使用各类的先进卫星，建立了多种全球卫星系统，使得其在这次海湾战争中有绝对的空间优势，充分发挥了航天技术在军事上的各种支援作用，使这次海湾战争具有战争史上空前未有的高技术战争特点。

侦察卫星

侦察卫星是一种用于获取军事情报的地球卫星。卫星利用光电遥感器或无线电接收机等侦察设备，从轨道对目标实施侦察、监视或跟踪，以搜集地面、海洋和空中目标的情报。侦察设备搜集到目标辐射、反射或发射出的电磁波信息，用胶卷、磁带等记录存贮于返回舱内，在空中或地面回收。或者通过无线电传输的方法适时或延时传输到地面接收站，而后经光学设备和电子计算机等加工处理，从中提取有价值的情报。卫星侦察的优点是侦察面积大、范围广，速度快、效果好，可定期或连续监视某一地区，且不受国界和地理条件的限制，能获得各种难得的情报。侦察卫星通常分为4种；照相侦察卫星、电子侦察卫星、海洋监视卫星和导弹预警卫星。（1）照相侦察卫星主要装有可见光遥感器，如可见光照相机和电视摄像机等。对目标区拍照以获取图像。主要用于侦察机场、港口、导弹基地、部队集结地，以及交通枢纽、重要城市和工业基地等战略目标。如美国的"锁眼11"照相侦察卫星，是数字图像传输型的照相侦察卫星。它不使用胶卷而是用电荷耦合器件摄像机拍摄地面场景图像。经卫星上模数转换器变成数字信号，并立即经卫星数据系统送回华盛顿国家判读中心，还原成高分辨率的图像，显示在计算机终端，或还原成照片，所需时间约1.5小时或更短。该卫星属第五代照相侦察卫星，重13.5吨，长19.5米，直径2米，分辨率1.5～2米。两伊战争中，它在300公里高空为美国提供了两伊战场的图像。其效果犹如看电视片。在海湾战争期间，该卫星曾获取了伊拉克军队向科威特推进的最早的照片证据。

"锁眼12"照相侦察卫星是美国新一代可机动照相侦察卫星。它比"锁眼11"有更大的轨道转移能力，重18吨，轨道近地点315公里。倾角57°，分辨率为0.1。该卫星能日夜拍摄世界各地的军事设施、军队调动和其他目标的高清晰度照片，可分辨地面坦克的类型，计算坦克、帐篷、人员的数量，并随时发送到地面判读中心，为舰队和地面部队服务。

"长曲棍球"雷达成像侦察卫星，星上装有合成孔径雷达。可实施全天候、全天时的实时侦察，克服了可见光照相侦察卫星黑夜和阴雨天无法拍照的缺点。这种卫星能透过树林探测到隐藏在树林中的机动导弹。分辨率为1米，可把书桌大小的目标侦察得一清二楚。据说，在海湾战争中曾将一个伊拉克士兵在炮台边吃柑橘的情景拍下来，并把那只柑橘从不同角度拍摄的照片，显示得清清楚楚。

（2）电子侦察卫星主要装有电子侦察设备，用于侦辨雷达和其他无线电设备的位置与特性，截获敌遥测和通信等机密信息。这种卫星一般运行在500公里或1000公里的近圆轨道上。到1986年底，美国已发射83颗，苏联发射了139颗。美国在海湾危机中，使用了最新式的"大酒瓶"电子侦察卫星。"大酒瓶"又称"良师"，是第三代电子侦察卫星，实际上它是一架超高能的无线电接收机。它重2500公斤，装有直径80多米的大型天线，处于地球静止轨道上。可覆盖前苏联、中东、非洲和整个欧洲等地区，用以监测苏联的导弹试验信号，窃听苏联和中国的军事、外交电信、广播。据报道，海湾战争中有2颗"大酒瓶"和1颗"小屋"在工作，对伊拉克无线电通信和广播进行监听。其中有一颗电子侦察卫星专管伊拉克和科威特之间的无线电通信，萨达姆作战指挥总部和科威特战场指挥官之间的通话。甚至战场水分队之间通话的内容，均可被窃听到。这些信息被传到美国华盛顿国家安全局，再发送到海湾地区多国部队指挥部，作为制订作战计划的重要资料。

（3）海洋监视卫星主要装在陕时传输信息的侦察设备，如电视摄像机、红外探测器、无线电接收机和侧视雷达等，用于监视海洋上的舰船和潜航中的潜艇等活动目标。一般都由多颗卫星组成监视网，以保持对广阔海洋的连续监视。如美国的"白云"海洋监视卫星，轨道高度1000多公里，寿命3～5年。星上装有红外探测装置和无线电接收设备。它入轨后弹出3颗子星，轨道与母星相似，3颗子星彼此相隔几十公里，相互间形成一个侦察体制。目前，空间有4组共16颗"白云"母、子海洋监视卫星在工作，监听信号有效距离可达3200公里，卫星侦察所得的信息，直接传输给美海军保密大队的5个地面站。

（4）导弹预警卫星主要用于监视和发现敌方来袭的战略导弹并发出警报。通常在地球静止卫星轨道或周期约12小时的大椭圆轨道上运行，并由多颗卫星组成预警网。装有红外探测器和电视摄像机，可探测导弹主动段发动机尾焰的红外辐射，及时准确地判明导弹发射。

目前，在轨服役的有美国第二、第三代导弹预警卫星。一般情况下，地球静止轨道上保持有5颗卫星，其中3颗工作，2颗备用。3颗工作星分别定位于东经60°、西经60°和西经134°赤道上空。这3颗卫星组成的预警网可覆盖苏联和我国的现有陆地发射场，也可覆盖现有潜射导弹射程内的全部海域。该预警网自工作以来已观测到苏、美、法及我国所进行的1000多次导弹发射。海湾战争期间，美国已至少将1颗导弹预警卫星调到中东地区上空，去年又增射了一颗导弹预警卫星，以监视伊拉克装有常规及化学弹头近程导弹的发射。美国"爱国者"导弹能够成功拦截伊拉克发射的"飞毛腿"导弹，其重要原因之一，是预警卫星及时、准确地提供了信息。从伊拉克西部到以色列首都特拉维夫，"飞毛腿"导弹从发射到击中目标需要5分钟，而预警卫星从发现"飞毛腿"发射到把信息传给美军指挥部只有1分钟的时间，使"爱国者"有充分时间拦截"飞毛腿"。

核武器

核武器又称原子武器，是利用原子核反应的各种效应起杀伤破坏作用的一种武器。核武器共发展了3代。即原子弹、氢弹和中子弹。其中原子弹和氢弹的破坏威力最大，它不仅杀伤杀死有生力量，还可摧毁大量建筑物和战斗车辆等军用装备，中子弹则以杀伤人员为主，对物体的杀伤破坏作用较轻。

核武器杀伤破坏的主要因素有：冲击波、光辐射、早期核辐射、放射性沾染和电磁脉冲。

（1）冲击波。它是核爆炸后产生的一种巨大气流和超压。冲击波对目标的杀伤和破坏效应有直接和间接两类：直接效应主要是超压的挤压和动压的撞击所致，如人员受挤压、摔掷会发生内脏损伤和外伤，物体被挤压、推动或抛掷会变形或毁坏。间接效应是受冲击波破坏的物体打击而间接造成的。一枚3万吨级的原子弹爆炸后，在距爆心投影点800米处，冲击波的运动速度可达200米／秒。而强台风风速只不过40～50／秒，因此，它可迅速摧毁建筑物、电网等矗立设施。此外，还可产生巨大的超压，杀务人员、摧毁硬目标。

（2）光辐射。核爆炸形成的高温高压火球，在几十秒内辐射出的极强烈的光和热。它对物质的作用主要是热效应。物质吸收能量后温度迅速上升，以至燃烧或熔化。对人员的伤害主要是烧伤，照到人的体表会引起直接烧伤，衣服着火或所处环境着火也可造成间接烧伤。强光可使人眼底烧伤或暂时失明，即"闪光盲"。光辐射引起的火灾可造成大范围的破坏。一枚当量为2万吨的原子弹，在空中爆炸后，在距爆心7公里的地方，就会受到比阳光强13倍的光照射，其范围可达2800米。

（3）早期核辐射。又称贯穿辐射。核爆炸头十几秒内放出的具有很强贯穿能力的中子和r射线。其主要杀伤破坏对象是人员和电子器件。人员有短时间内受到1戈瑞以上的剂量照射时，会发生急性放射病。电子器件在大剂量或高剂量率作用下会严重损坏。早期核辐射的强度由于空气吸收，随距离的增加衰减很快。因此，即使千万吨级的大气层核爆炸，早期核辐射杀伤破坏半径也不超过4公里。

（4）放射性沾染。即核爆炸产生的放射性物质的沾染，如蘑菇状烟云飘散后所降下的烟尘或核裂变碎片等。它对人体可造成体内体外照射或皮肤灼伤，以致死亡。1954年2月28日，美国在比基尼岛试验的1500万吨氢弹，爆后6小时，沾染区仍长达257公里，宽64公里。

（5）电磁脉冲。核爆炸时产生的强脉冲射线和周围物质相互作用产生的向外辐射的瞬时电磁场，它的强度可达到比普通无线波高百万倍。当其遇到适当的接收体时，可瞬间产生很高的电压和很强的电流，损坏电子和电器设备，使指挥控制系统失灵。一颗100万吨当量的原子弹爆炸可殃及30公里，1000万吨的可达115公里。

目前，世界上拥有核武器的有美、俄罗斯、英、法等国家，共拥有核弹头5万多个，其中90%掌握在美俄罗斯两国手中。美国库存核弹头约有26个型号，26000个，总当量55亿吨，俄罗斯有各种核弹头20种，2万个，总当量约100亿吨。中国于1964年10月16日，首次原子弹试验成功。经过两年多，1966年12月28日，小当量的氢弹原理试验成功；半年之后，于1967年6月17日，成功地进行了百万吨级的氢弹空投试验。

原子弹

　　原子弹是利用铀235或钚239等重原子核裂变反应，瞬时释放出巨大能量的核武器。也称裂变弹。它是一种具有很大杀伤破坏力的武器。

　　世界上第一次进行原子弹试验的是美国。它从1939年至1945年，历时5年，花费20多亿美元，研制成功世界上第一批原子弹，共有3枚，命名为"小玩意儿""小男孩""胖子"。1945年8月6日，"小男孩"由B29轰炸机携载，投入日本广岛上空。"小男孩"是铀弹，长3米，重约4吨，直径0.7米，梯恩梯当量为1.5万吨，内装60公斤高浓铀，爆高约580米。这颗小型原子弹使广岛25万人中有20万人伤亡或失踪，整个城市变成一片废墟。8月9日，美军B—29轰炸机又将第二枚原子弹"胖子"投向长崎市。"胖子"爆高503米，重约4.9吨，长3.6米，直径1.5米，梯恩梯当量为2.2万吨，是一枚钚弹。这枚原子弹使长崎市23万人中死伤和失踪15万人，城市毁坏率达60%～70%。

　　二战后，经过几十年的发展，原子弹的体积、重量显著减少，战术技术性能有很大提高，已发展到由导弹、航弹、炮弹、深水炸弹、水雷、地雷等武器携载，用以攻击各种不同类型的目标。

氢 弹

氢弹是利用氢的同位素氘、氚等氢原子核的聚变反应瞬时放出巨大能量的核武器。又称聚变弹或热核弹。氢弹的杀伤破坏因素与原子弹相同，但威力比原子弹大得多。原子弹的威力通常为几百～几万吨梯恩梯当量，氢弹的威力则可达几千万吨。

1952年10月31日，美国在太平洋的伊留劫拉布小岛上进行了第一次氢弹试验。这次试验用的氢弹为1040万吨梯恩梯当量。继美国之后，苏联于1953年8月12日也进行了一次热核试验，并于1961年10月30日在新地岛上空4000米高度爆炸了一枚当量为5800万吨的氢弹，这是世界上爆炸的最大威力的核武器。中国于1967年6月17日由飞机空投的300万吨级氢弹试验获得圆满成功，从爆炸第一颗原子弹到爆炸第一颗氢弹，用了2年零2个月的时间，其速度是世界上最快的。

氢弹根据裂变和聚变反应形式分为两相弹和三相弹，两相弹是指只有原子弹裂变材料的裂变反应和热核材料的聚变反应这两个过程；而三相弹则多了一个程序，就是在热核聚变材料的外面又包了一层裂变材料铀238，形成裂变——聚变——裂变式核弹。三相弹是利用最多的一种氢弹。由于增加了一个裂变过程，所以威力明显增加，但产生的放射性物质也较多，造成的沾染相对严重。故又称脏弹。

氢弹的运藏工具一般是导弹和飞机。为使武器系统具有良好的作战性能，要求氢弹自身的体积小、重量轻、威力大。因此，比威力的大小是氢弹技术水平高低的重要标志，比威力就是把一枚核武器的爆炸当量同它的重量相比，得出每公斤核武器重量能有多少吨梯恩梯当量。第一代原子弹的比威力很小，每公斤弹重仅几吨当量，而第二代氢弹的比威力大增，似乎已接近极限。从美国70年代初装备的"民兵"Ⅲ导弹的子弹头，可以看出氢弹在小型化和威力方面的大致水平。这种导弹头长1813毫米，底部直径534毫米，重约180公斤，威力近35万吨，其比威力约每公斤2000吨梯恩梯当量。目前，氢弹已广泛装备于航弹和各种导弹，构成核武器的重要支柱。

中子弹

中子弹是以高能中子辐射为主要杀伤因素的低当量的小型氢弹。其最大特点是能最大限度地杀伤人员等有生力量，而对建筑物、坦克及战斗车辆的破坏力很小。属第三代核武器。一般当量为千吨级，主要用作战术核武器。对杀伤敌集群坦克或大兵团进攻的步兵效果更为明显。一般核武器爆炸时，用于形成冲击波的爆炸能量约占50%，光辐射约占35%，瞬时贯穿辐射约占5%，放射性沾染约占10%。中子弹恰恰相反，它爆炸时所形成的冲击波、光辐射和放射性沾染加在一起约占60%，而瞬时贯穿辐射能量则高达40%。它对人体的伤害，主要是破坏各种细胞，特别是中枢神经系统的细胞，使人失去正常的活动能力，以致死亡。一枚1000吨梯恩梯当量的中子弹，在800米高度爆炸时，冲击波和光辐射的破坏最小，而中子贯穿辐射能力却最强，可穿透1英尺厚的钢板，轻而易举地穿透坦克装甲，并能侵入掩体、工事内部杀伤人员，而且扩散速度相当快，1分钟便能扩及1.5平方英里的广阔地域。但坦克、掩体和工事设施却不会有大的损坏。

1977年6月底，美国首先研制成功中子弹，并将其装载飞机、导弹和炮弹，作为有效的战术核武器。20世纪80年代初，苏联和法国也相继研制成功中子弹。

放射性武器

放射性武器是用非核爆炸方式散布放射性物质，以其衰变产生的核辐射作为杀伤因素的武器。也称作放射性战剂。放射性物质通过炸药爆炸等方式散布，沾染地面、水域、空气和军事技术装备等，以杀伤有生力量为主要目标。放射性武器还可与化学、生物武器结合使用。

1948年，联合国常规军备会曾通过决议，把放射性武器列为大规模毁灭性武器之一。1969年，联合国大会讨论了控制和防止使用放射性武器问题。1980年3月，在日内瓦裁军谈判委员会中成立了放射性武器特设工作小组。中国支持禁止研制、生产、贮存和使用放射性武器的立场。

定向能武器

定向能武器是向一定方向发射高能量射束以毁伤目标的高技术武器，主要包括激光武器、粒子束武器和高能微波武器。

激光是一种受激辐射光，即指利用光能、热能、电能、化学能或核能等外部能量来激励物质，使其发生受激辐射而产生的一种特殊的光。激光是方向性极好、亮度极高、单色性极纯的新型光源，是目前世界上最亮的光源。其颜色最纯，射程最远，会聚能力最大，光束最直，相干性最好，比普通光源高上万倍甚至上亿倍。激光武器又称辐射武器，是直接利用激光辐射能量毁伤目标的武器，主要分低能激光武器和高能激光武器。其特点之一是，杀伤威力极大。无论多么坚硬的物质和目标，在高能激光武器的照射下，都会熔融或穿孔。其特点之二是，机动灵活。可以任意改变射击方向，且不会产生放射性污染。其特点之三是，可以装在战车、飞机、导弹、卫星、航天飞船、水面舰艇、潜艇等任何作战工具上，既能成为战略威慑性武器，又可作为常规战术武器。军事家们认为，一旦其性能趋于完善，将会取代现有的一切进攻性武器和防御性武器。

粒子子束武器实际上就是小型化、军事化了的粒子加速器。其将粒子加速到接近光速发射出去，尔后利用汇集的能量和热效应把目标的壳体烧穿、起爆核弹头的引爆系统或损坏敌导弹内部的电气设备。粒子束武器除具有激光武器所具备的一切优点外，还不受大气传输的影响和各种气候条件的限制，可谓"全天候"武器。

微波武器又称射频武器，是利用强微波波束能量杀伤目标的武器。目前尚未处于"襁褓"之中。同上述两种武器相比。其杀伤范围大，作用距离远，适于各种环境下作战等优点。微波能量对人员的杀伤作用可分为"非热效应"和"热效应"两类。"非热效应"能使战场人员精神错乱、头痛、烦躁、记忆力减退等；而"热效应"则能使战场人员皮肤灼伤、身体内部器官损伤，甚至导致死亡。微波能量还有穿透缝隙、玻璃和纤维等功能，可以在不损坏军用装备的情况下杀伤内部人员。

虽然。定向能武器离战场实用还有一段距离，但是，其潜力将是巨大的。

激光炮

　　激光炮是用以发射光弹摧毁敌目标的高能激光武器。又称光炮。

　　激光武器能量极高。其对目标的主要杀伤因素是高温作用，也有一定的冲击效应。一台功率较大的红宝石巨脉冲激光器的亮度比太阳光的亮度高百亿倍，这巨大的能量经那神奇的定向性高度集中，具有强大的杀伤破坏作用。在激光武器发射的强激光照射下，飞机、导弹、军舰、坦克等金属或非金属外壳会立即烧蚀、气化、变成缕缕青烟。机体和弹体穿孔后造成人员伤亡和电路故障，进而使之失去战斗力。它还能产生很强的高压波，将目标"碎尸万段"。激光武器发射的是光弹，无需备弹和装填，一秒钟可轻而易举地连射1000发光弹。只要有电源就能连续发射。

　　激光武器运行速度极快，命中精度高，具有其他各类武器甘拜下风的战斗优势。从发射光弹到击中目标可达每秒30万公里的速度，比普通步枪弹的初速快40万倍，比导弹的速度快10万倍。所以，根本不需考虑目标运行方向，也无须计算提前量，要瞄准发射，便可百发百中，指哪打哪。

　　由于激光弹的质量为零，所以，射击时没有反作用力，能够在高速运动的舰艇、飞机、坦克、战车等任何作战工具上，向任何方向发射，而不会产生后坐力。不会影响命中率。光弹不仅可以用来进攻敌人，还可用来防护敌军舰、飞机和导弹等的袭击。而且，光炮武器一旦微型化，就能成为不可多得的便携式光枪。

　　此外，激光武器还具有无污染，不易受电子干扰等特点。

　　试验的结果表明，激光炮是目前威力最大的一种激光武器。1973年，美国用激光炮进行了第一次试验，击落了一架长4.57米、时速为482.8公里的飞行靶机。1983年5月，用机载二氧化碳激光器击落了5枚"响尾蛇"空空导弹。1976年，美陆军还用车载激光武器击落了一架距离约914米的飞行靶机。1978年11月23日，美陆军使用激光炮在1～2公里内，击中了一枚正在高速飞行的反坦克导弹，使其头部裂成碎片。苏联研制的化学激光武器，也取得了重要进展。1975年11月，美国两颗卫星在飞抵苏联西伯利亚导弹发射场上空进行侦察时，被苏联反卫星激光武器击毁。

目前，在激光武器的研制中还有一些难题尚待解决，如激光在大气层中运行时，能量消耗大，射程还不远；由于部分武器外表的金属对高能激光束有较高的反射率，所以，光弹难以在远距离上可靠地摧毁具有金属外表的目标；光炮系统中激光束的产生、运行及瞄准许等问题还有待完善。在云、雾、雨、雪等自然现象中如何减少衰减和发挥作用，也是一个需要解决的大难题。

激光枪

激光枪属低能激光武器，它的外形同普通枪差不多。在近距离上可致死人员，在较远的距离上可使人致盲、受伤。它无声，无坐力，无须备弹药，命中精度高。美国于1978年3月研制成功第一支激光枪，经过改进后，枪重12公斤，在1500米以远的距离内，能致盲和烧蚀人员及物体。近距离可致人死命。

还研制了激光手枪，其外形有手枪式、钢笔式、电筒式等样式。如红宝石袖珍式激光枪，外形很像钢笔，全重不到0.5公斤，是一种特殊用途的微型激光器。

目前，美国还研制成一种激光致盲武器，也属于低能激光武器之列。它用激光束照射人的眼睛，使视网膜大面积出血，暂时或持久致盲。英国海军装备的激光炫目瞄准具，在英阿马岛海战中，曾对阿根廷飞行员进行照射。结果，有的阿飞行员驾机坠海，有的为了躲避激光胡乱逃窜被己方火力击落。

电磁炮

电磁炮是利用电磁（洛仑磁力）沿导轨发射炮弹的装置。它主要由能源、加速器、开关三部分组成。可分为三种类型；一是线圈炮。它由若干个绕炮膛安装的固定式同轴驱动线圈和一个弹丸线圈组成。线圈依次通电后产生磁场，磁场产生感应电流，进而产生一种推力将弹丸推出。二是轨道炮。它由两条与电源相连接的平行轨道和位于轨道之间的一个导体构成，弹丸位于电枢前面。电源接通后，电流经轨道和电枢形成回路，产生磁场，并感应出能够推进弹丸的力。这种电磁炮推力很大，可以极高速发射小质量弹丸。三是重接炮。它综合线圈和轨道炮的优点而成。

电磁炮的弹丸速度高，射程远，精度好，穿透力强。它既能发射高速穿甲弹和异彩多用途弹，去攻击敌坦克和装甲车辆；又能发射低速飞行器，向难以接近的战地输送燃料品。美国国防部的官员宣称：电磁武器有可能取代现有常规以火药为动力的任何武器，甚至可以作为宇宙飞船的发射装置，还可以用作为坦克炮、航空炮、轻武器和反卫星武器。

关于电磁炮的研究，早在19世纪，科学家就发现磁场中的电荷和电流会受到洛仑磁力的作用。20世纪初，有人提出利用洛仑磁力发射炮弹的设想。但真正取得实质性进展，还是70年代以后的事。澳大利亚国立大学建造了第一台是磁发发射装置，将3克重的塑料块（炮弹）加速到6000米

／秒的速度。后来，澳、美科学家又进行了不同类型的多次实验，证明电磁推力可比火药推力大10倍。用火药为推力的常规炮弹初速低于2000米／秒，而用单板发电机供电的电磁炮，已能把318克重的炮弹加速到4200米／秒。磁通压缩型电磁炮已能将2克重炮弹加速到1000米／秒的速度。电磁炮弹丸尺寸小、重量轻、初速可控、射程可调。发射时后坐力小，无冲击波，无声响，无烟尘污染，是一种较为理想的武器。

目前，电磁炮正处于研制阶段，要实际使用还有一些问题尚待解决，如设计制造结构紧凑和蓄能多的能源；提高电磁炮的强度，使之能多次使用；提高炮弹强度，研究制导方法；多电源分段供电；以及捕获、跟踪目标等问题。

次声武器

次声武器是利用频率低于20赫兹的次声波与人体发生共振，使共振的器官或部位发生位移和变形而造成损伤的一种探索中的武器。

通常人们只知道噪声可能使人烦躁甚至死亡，但是这种可听声波对人体的杀伤威力远远不如那些不可听波（如超声、次声等）的杀伤威力。次声是一种频率低于20赫兹的人耳听不到的声音。据科学家介绍，在人的一生中，人体经常不断地进行着细微的有节奏的脉冲式振动，这种振动的频率通常为7～13赫兹。所以，20赫兹以下的次声波对人体组织可以产生共振，从而使人体产生昏晕、头痛、呕吐、呼吸困难、恐慌、眼球震颤等症状。而在一定频率波的作用下，可使整个人体内脏震成肉酱。这种声波可穿过混凝土隐体，从而杀伤这些壳体内的人员。目前，一些声波武器的研制工作已取得进展。1948年初，一艘荷兰大型货轮通过马六甲海峡时，遇上了大风暴，全体船员竟不知何故全都悄然死去。事后调查表明，所有死者既无外伤又无中毒迹象，只是心血管全都出奇的破裂了。经过分析研究，终于弄明白，真正的"凶手"是次声低频声波。法国在进行次声试验时，一次，由于技术人员的失职，部分次声波从密闭的试验罐中溢出，结果致使5公里外的一个村庄的30多人骨骼粉碎而身亡。有的国家不久前研制成的声光手榴弹，内装80个会飞的爆炸筒，爆炸时其强烈的闪光可以刺伤人的眼睛，发出的声音更能使人暂时失去听觉。

问题是次声波不易集聚成束，在空旷环境中很难产生高强次声。同时，次声的波长很长。要使它定向传播，其集聚系统的尺寸将会达到几十米，甚至几百米，实际上很难实现。有些国家正在采取新技术，以实现次声的定向辐射。新型次声武器的应用，必将为未来战争带来重大的影响。

生物武器

生物武器是靠施放细菌战剂来杀伤人员、牲畜和毁坏农作物的武器。生物战剂即细菌战剂，包括细菌、病毒、立克次体、衣原体、毒素和真菌。主要使用方法是利用飞机、舰艇携带喷雾装置，在空中、海上施放生物战剂气溶胶，或将生物战剂装入炮弹、炸弹、导弹内施放，爆炸后形成生物战剂气溶胶。人员、牲畜呼吸了这种空气或皮肤触及了这种空气，就会产生感染，致病致死。还可以通过媒介传播细菌，如把带有细菌的物品或跳蚤、蚊蝇、鼠类、食品、玩具等，用炸弹或降落伞投入到指定地区，传播细菌战剂。生物武器施放的菌类都带有传染性，所以很容易在一定区域内造成传染性疾病，使人丧失战斗力。

早在1347年就有人使用生物武器作战了。1859年法国在阿尔及利亚作战时，15000人中有12000人患霍乱而丧失了战斗力。第一次世界大战末期，仅一年半时间，交战双方患病毒性感染者达5亿之多，其中有2000多万人因病死亡，比直接战死的人高出3倍。第二次世界大战中，德、英、美等国已研制出细菌炸弹。日本帝国主义也曾在中国东北地区利用731部队进行生物战剂的研制，并在我国浙江、湖南等地使用细菌武器，使700多人死亡。战后，美国在朝鲜和越南战争中都曾使用过生物武器。为了禁止这种灭绝人性的武器在现代战争中应用，联合国曾于1971年12月16日通过了《禁止试制、生产和贮存并销毁细菌（生物）和毒剂武器》的国际公约。

基因武器

基因武器是一种处于探索阶段的新型生物武器，又称遗传武器。

生物学家在科学研究中，运用人工方法，可以使一种生物的遗传基因的片段，转移到另一种生物细胞内，改变这种生物的某些遗传特性，从而创造出一个新品种。这一发现启发了军事科学家们的思考，他们设想；如果将常规的能使人致命的生物武器进行基因转移，定能产生一种毒性更大、威力更大的新型生物武器。这种武器只对特定遗传型的人种有致病作用，以达到有选择地对某些人种进行杀伤的目的，从而克服普通生物武器在杀伤区域上无法控制的缺点。

基因武器造价低廉，杀伤破坏力极大。据报道，用5000万美元建立的基因武器库比用5亿美元建立的核武器库具有更大的杀伤威力。20克基因武器就能使50亿人死于非命，甚至可以把一个民族灭绝。它是一种继核武器之后，又一种可以灭绝人类的大威力杀伤武器。

基因武器与普通生物武器在机理上相同，但两者生产方法不同。普通生物武器是用生物学方法在生物活体内制取，而基因武器则是用化学方法在试管中用酶作催化剂从试剂中生产。基因武器的遗传密码是绝对保密的，一旦被基因武器攻击而导致中毒，就很难救治。

目前。基因武器研制中虽然有些问题尚待解决，但随着科学技术的发展，这种新型武器是有可能实现的。

化学武器

化学武器包括装有毒剂的化学炮弹、航弹、火箭弹、导弹和化学地雷、飞机布洒器、毒烟施放器材，以及装有毒剂前体的二元化学炮弹、航弹等，以毒剂杀伤人员、牲畜、毁坏植物生长的各种武器。

化学武器按毒剂的分散方式可分为：（1）爆炸分散型。即将毒剂装在各种炮弹、炸弹、手榴弹、火箭弹、导弹、地雷等兵器内，利用炸药的爆炸力将毒剂布散成气状、雾状或液滴状，造成空气、地面和物体的染毒，人员、牲畜通过吸入或触摸而染毒。（2）热分散型。即借烟火剂等热源将毒剂蒸发、升华，形成毒烟、毒雾，使空气染毒，如装填固态毒剂的毒烟罐、毒烟手榴弹、毒烟炮弹，以及装填液态毒剂的毒雾航弹等。（3）布散型。即将毒剂装在飞机布散器、布毒车、气溶胶发生器以及喷洒型弹药中，将其分散成粉状、雾状或液滴状，使空气、地面和物体染毒。

化学武器按其装备对象可分为三类：（1）步兵化学武器，主要有毒烟罐、化学手（枪）榴弹、地雷、小口径化学迫击炮和布洒车等；（2）炮兵、导弹部队化学武器。主要有各种身管火炮、火箭炮的化学弹、化学火箭、导弹等；（3）航空兵化学武器，主要有化学航空炸弹和飞机布散器等。